사고력도 탄탄! 창의력도 탄탄!
수학 일등의 지름길 「기탄사고력수학」

♛ 단계별·능력별 프로그램식 학습지입니다

유아부터 초등학교 6학년까지 각 단계별로 4~6권씩 총 52권으로 구성되었으며, 처음 시작할 때 나이와 학년에 관계없이 능력별 수준에 맞추어 학습하는 프로그램식 학습지입니다.

♛ 사고력·창의력을 키워 주는 수학 학습지입니다

다양한 사고 단계를 거쳐 문제 해결력을 높여 주며, 개념과 원리를 이해하도록 하여 수학적 사고력을 키워 줍니다. 또 수학적 사고를 바탕으로 스스로 생각하고 깨닫는 창의력을 키워 줍니다.

♛ 유아 과정은 물론 초등학교 수학의 전 영역을 골고루 학습합니다

운필력, 공간 지각력, 수 개념 등 유아 과정부터 시작하여, 초등학교 과정인 수와 연산, 도형 등 수학의 전 영역을 골고루 다루어, 자녀들의 수학적 사고의 폭을 넓히는 데 큰 도움을 줍니다.

♛ 학습 지도 가이드와 다양한 학습 성취도 평가 자료를 수록했습니다

매주, 매달, 매 단계마다 학습 목표에 따른 지도 내용과 지도 요점, 완벽한 해설을 제공하여 학부모님께서 쉽게 지도하실 수 있습니다. 창의력 문제와 수학 경시 대회 예상 문제를 단계별로 수록, 수학 실력을 완성시켜 줍니다.

♛ 과학적 학습 분량으로 공부하는 습관이 몸에 배입니다

하루 10~20분 정도의 과학적 학습량으로 공부에 싫증을 느끼지 않게 하고, 학습에 자신감을 가지도록 하였습니다. 매일 일정 시간 꾸준하게 공부하도록 하면, 시키지 않아도 공부하는 습관이 몸에 배게 됩니다.

「기탄사고력수학」은
체계적이고 장기적인 프로그램으로
꾸준히 학습하면 반드시 성적으로 보답합니다

✿ 스몰 스텝(Small Step)방식으로 꾸준히 학습하면 성적이 올라갑니다

「기탄사고력수학」은 단순히 문제만 나열한 문제집이 아닙니다. 체계적이고 장기적인 학습프로그램을 통해 수학적 사고력과 창의력을 완성시켜 주는 스몰 스텝(Small Step)방식으로 꾸준히 학습하면 반드시 성적이 올라갑니다.

✿ 하루 3장, 10~20분씩 규칙적으로 학습하게 하세요

매일 일정 시간에 일정한 학습량을 꾸준히 재미있게 해야만 학습효과를 높일 수 있습니다. 주별로 분철하기 쉽게 제본되어 있으니, 교재를 구입하시면 먼저 분철하여 일주일 학습 분량만 자녀들에게 나누어 주세요. 그래야만 아이들이 학습 성취감과 자신감을 가질 수 있습니다.

✿ 자녀들의 수준에 알맞은 교재를 선택하세요

〈기탄사고력수학〉은 유아에서 초등학교 6학년까지, 나이와 학년에 관계없이 학습 난이도별로 자신의 능력에 맞는 단계를 선택하여 시작하는 능력별 교재입니다. 그러나 자녀의 수준보다 1~2단계 낮춘 교재부터 시작하면 학습에 더욱 자신감을 갖게 되어 효과적입니다.

교재 구분	교재 구성	대 상
A단계 교재	1, 2, 3, 4집	4세 ~ 5세 아동
B단계 교재	1, 2, 3, 4집	5세 ~ 6세 아동
C단계 교재	1, 2, 3, 4집	6세 ~ 7세 아동
D단계 교재	1, 2, 3, 4집	7세 ~ 초등학교 1학년
E단계 교재	1, 2, 3, 4, 5, 6집	초등학교 1학년
F단계 교재	1, 2, 3, 4, 5, 6집	초등학교 2학년
G단계 교재	1, 2, 3, 4, 5, 6집	초등학교 3학년
H단계 교재	1, 2, 3, 4, 5, 6집	초등학교 4학년
I 단계 교재	1, 2, 3, 4, 5, 6집	초등학교 5학년
J단계 교재	1, 2, 3, 4, 5, 6집	초등학교 6학년

「기탄사고력수학」으로 수학 성적 올리는 일등비법을 공개합니다

❋ 문제를 먼저 풀어 주지 마세요

기탄사고력수학은 직관(전체 감지)을 논리(이론과 구체 연결)로 발전시켜 답을 구하도록 구성되었습니다. 쉽게 문제를 풀지 못하더라도 노력하는 과정에서 더 많은 것을 얻을 수 있으니, 약간의 힌트 외에는 자녀가 스스로 끝까지 문제를 풀어 나갈 수 있도록 격려해 주세요.

❋ 교재는 이렇게 활용하세요

먼저 자녀들의 능력에 맞는 교재를 선택하세요. 그리고 일주일 분량씩 분철하여 매일 3장씩 풀 수 있도록 해 주세요. 한꺼번에 많은 양의 교재를 주시면 어린이가 부담을 느껴서 학습을 미루거나 포기하기 쉽습니다. 적당한 양을 매일매일 학습하도록 하여 수학 공부하는 재미를 느낄 수 있도록 해 주세요.

❋ 교재 학습 과정을 꼭 지켜 주세요

한 주 학습이 끝날 때마다 창의력 문제와 경시 대회 예상 문제를 꼭 풀고 넘어가도록 해 주시고, 한 권(한 달 과정)이 끝나면 성취도 테스트와 종료 테스트를 통해 스스로 실력을 가늠해 볼 수 있도록 도와 주세요. 문제를 다 풀면 반드시 해답지를 이용하여 정확하게 채점해 주시고, 틀린 문제를 체크해 놓았다가 다음에는 확실히 풀 수 있도록 지도해 주세요.

❋ 자녀의 학습 관리를 게을리 하지 마세요

수학적 사고는 하루 아침에 생겨나는 것이 아닙니다. 날마다 꾸준히 규칙적으로 학습해 나갈 때에만 비로소 수학적 사고의 기틀이 마련되는 것입니다. 교육은 사랑입니다. 자녀가 학습한 부분을 어머니께서 꼭 확인하시면서 사랑으로 돌봐 주세요. 부모님의 관심 속에서 자란 아이들만이 성적 향상은 물론 이 사회에서 꼭 필요한 인격체로 성장해 나갈 수 있다는 것도 잊지 마세요.

A - ❶ 교재	A - ❷ 교재
나와 가족에 대하여 알기 바른 행동 알기 다양한 선 그리기 다양한 사물 색칠하기 ○△□ 알기 똑같은 것 찾기 빠진 것 찾기 종류가 같은 것과 다른 것 찾기 관찰력, 논리력, 사고력 키우기	필요한 물건 찾기 관계 있는 것 찾기 다양한 기준에 따라 분류하기 (종류, 용도, 모양, 색깔, 재질, 계절, 성질 등) 두 가지 기준에 따라 분류하기 다섯까지 세기 변별력 키우기 미로 통과하기
A - ❸ 교재	**A - ❹ 교재**
다양한 기준으로 비교하기 (길이, 높이, 양, 무게, 크기, 두께, 넓이, 속도, 깊이 등) 시간의 순서 비교하기 반대 개념 알기 3까지의 숫자 배우기 그림 퍼즐 맞추기 미로 통과하기	최상급 개념 알기 다양한 기준으로 순서 짓기 (크기, 시간, 길이, 두께 등) 네 가지 이상 비교하기 이중 서열 알기 ABAB, ABCABC의 규칙성 알기 다양한 규칙 이해하기 부분과 전체 알기 5까지의 숫자 배우기 일대일 대응, 일대다 대응 알기 미로 통과하기

B - ❶ 교재	B - ❷ 교재
열까지 세기 9까지의 숫자 배우기 사물의 기본 모양 알기 모양 구성하기 모양 나누기와 합치기 같은 모양, 짝이 되는 모양 찾기 위치 개념 알기 (위, 아래, 앞, 뒤) 위치 파악하기	9까지의 수량, 수 단어, 숫자 연결하기 구체물을 이용한 수 익히기 반구체물을 이용한 수 익히기 위치 개념 알기 (안, 밖, 왼쪽, 가운데, 오른쪽) 다양한 위치 개념 알기 시간 개념 알기 (낮, 밤) 구체물을 이용한 수와 양의 개념 알기 (같다, 많다, 적다)
B - ❸ 교재	**B - ❹ 교재**
순서대로 숫자 쓰기 거꾸로 숫자 쓰기 1 큰 수와 2 큰 수 알기 1 작은 수와 2 작은 수 알기 반구체물을 이용한 수와 양의 개념 알기 보존 개념 익히기 여러 가지 단위 배우기	순서수 알기 사물의 입체 모양 알기 입체 모양 나누기 두 수의 크기 비교하기 여러 수의 크기 비교하기 0의 개념 알기 0부터 9까지의 수 익히기

C 단계 교재

C - ❶ 교재	C - ❷ 교재
구체물을 통한 수 가르기 반구체물을 통한 수 가르기 숫자를 도입한 수 가르기 구체물을 통한 수 모으기 반구체물을 통한 수 모으기 숫자를 도입한 수 모으기	수 가르기와 모으기 여러 가지 방법으로 수 가르기 수 모으고 다시 수 가르기 수 가르고 다시 수 모으기 더해 보기 세로로 더해 보기 빼 보기 세로로 빼 보기 더해 보기와 빼 보기 바꾸어서 셈하기
C - ❸ 교재	**C - ❹ 교재**
길이 측정하기 　높이 측정하기 넓이 측정하기 　크기 측정하기 둘레 측정하기 　무게 측정하기 부피 측정하기 　들이 측정하기 활동 시간 알아보기 　시간의 순서 알아보기 여러 가지 측정하기	열 개 열 개 만들어 보기 열 개 묶어 보기 자리 알아보기 수 '10' 알아보기 10의 크기 알아보기 더하여 10이 되는 수 알아보기 열다섯까지 세어 보기 스물까지 세어 보기

D 단계 교재

D - ❶ 교재	D - ❷ 교재
수 11~20 알기 11~20까지의 수 알기 30까지의 수 알아보기 자릿값을 이용하여 30까지의 수 나타내기 40까지의 수 알아보기 자릿값을 이용하여 40까지의 수 나타내기 자릿값을 이용하여 50까지의 수 나타내기 50까지의 수 알아보기	상자 모양, 공 모양, 둥근기둥 모양 알아보기 공간 위치 알아보기 입체도형으로 모양 만들기 여러 방향에서 본 모습 관찰하기 평면도형 알아보기 선대칭 모양 알아보기 모양 만들기와 탱그램
D - ❸ 교재	**D - ❹ 교재**
덧셈 이해하기 10이 되는 더하기 여러 가지로 더해 보기 덧셈 익히기 뺄셈 이해하기 10에서 빼기 여러 가지로 빼 보기 뺄셈 익히기	조사하여 기록하기 그래프의 이해 그래프의 활용 분수의 이해 시간 느끼기 사건의 순서 알기 소요 시간 알아보기 달력 보기 시계 보기 활동한 시간 알기

기탄 사고력수학 교재별 학습 내용

E 단계 교재

E - ❶ 교재	E - ❷ 교재	E - ❸ 교재
사물의 개수를 세어 보고 1, 2, 3, 4, 5 알아보기 0의 개념과 0~5까지의 수의 순서 알기 하나 더 많다, 적다의 개념 알기 두 수의 크기 비교하기 사물의 개수를 세어 보고 6, 7, 8, 9 알아보기 0~9까지의 수의 순서 알기 하나 더 많다, 적다의 개념 알기 두 수의 크기 비교하기 여러 가지 모양 알아보기, 찾아보기, 만들어 보기 규칙 찾기	두 수로 가르기 두 수를 모으기 가르기와 모으기 덧셈식 알아보기 뺄셈식 알아보기 길이 비교해 보기 높이 비교해 보기 들이 비교해 보기 무게 비교해 보기 넓이 비교해 보기	수 10(십) 알아보기 19까지의 수 알아보기 몇십과 몇십 몇 알아보기 물건의 수 세기 50까지 수의 순서 알아보기 두 수의 크기 비교하기 분류하기 분류하여 세어 보기
E - ❹ 교재	**E - ❺ 교재**	**E - ❻ 교재**
수 60, 70, 80, 90 99까지의 수 수의 순서 두 수의 크기 비교 여러 가지 모양 알아보기, 찾아보기 여러 가지 모양 만들기, 그리기 규칙 찾기 10을 두 수로 가르기 100이 되도록 두 수를 모으기	100이 되는 더하기 10에서 빼기 세 수의 덧셈과 뺄셈 (몇십)+(몇), (몇십 몇)+(몇), (몇십 몇)+(몇십 몇) (몇십 몇)-(몇), (몇십 몇)-(몇십 몇) 긴바늘, 짧은바늘 알아보기 몇 시 알아보기 몇 시 30분 알아보기	세 수의 덧셈 받아올림이 있는 (몇)+(몇) 받아내림이 있는 (십 몇)-(몇) 세 수의 계산 덧셈식, 뺄셈식 만들기 □가 있는 덧셈식, 뺄셈식 만들기 여러 가지 방법으로 해결하기

F 단계 교재

F - ❶ 교재	F - ❷ 교재	F - ❸ 교재
백(100)과 몇백(200, 300, ……)의 개념 이해 세 자리 수와 뛰어 세기의 이해 세 자리 수의 크기 비교 받아올림이 있는 (두 자리 수)+(한 자리 수)의 계산 받아내림이 있는 (두 자리 수)-(한 자리 수)의 계산 세 수의 덧셈과 뺄셈 선분과 직선의 차이 이해 사각형, 삼각형, 원 등의 여러 가지 모양 쌓기나무로 똑같이 쌓아 보고 여러 가지 모양 만들기 배열 순서에 따라 규칙 찾아내기	받아올림이 있는 (두 자리 수)+(두 자리 수)의 계산 받아내림이 있는 (두 자리 수)-(두 자리 수)의 계산 여러 가지 방법으로 계산하고 세 수의 혼합 계산 길이 비교와 단위길이의 비교 길이의 단위(cm) 알기 길이 재기와 길이 어림하기 어떤 수를 □로 나타내기 덧셈식·뺄셈식에서 □의 값 구하기 어떤 수를 구하는 식 만들기 식에 알맞은 문제 만들기	시각 읽기 시각과 시간의 차이 알기 하루의 시간 알기 달력을 보며 1년 알기 몇 시 몇 분 전 알기 반 시간 알기 묶어 세기 몇 배 알아보기 더하기를 곱하기로 나타내기 덧셈식과 곱셈식으로 나타내기
F - ❹ 교재	**F - ❺ 교재**	**F - ❻ 교재**
2~9의 단 곱셈구구 익히기 1의 단 곱셈구구와 0의 곱 곱셈표에서 규칙 찾기 받아올림이 없는 세 자리 수의 덧셈 받아내림이 없는 세 자리 수의 뺄셈 여러 가지 방법으로 계산하기 미터(m)와 센티미터(cm) 길이 재기 길이 어림하기 길이의 합과 차	받아올림이 있는 세 자리 수의 덧셈 받아내림이 있는 세 자리 수의 뺄셈 여러 가지 방법으로 덧셈·뺄셈하기 세 수의 혼합 계산 똑같이 나누기 전체와 부분의 크기 분수의 쓰기와 읽기 분수만큼 색칠하고 분수로 나타내기 표와 그래프로 나타내기 조사하여 표와 그래프로 나타내기	□가 있는 곱셈식을 만들어 문제 해결하기 규칙을 찾아 문제 해결하기 거꾸로 생각하여 문제 해결하기

G 단계 교재

G - ❶ 교재	G - ❷ 교재	G - ❸ 교재
1000의 개념 알기	똑같이 묶어 덜어 내기와 똑같게 나누기	분수만큼 알기와 분수로 나타내기
몇천, 네 자리 수 알기	나눗셈의 몫	몇 개인지 알기
수의 자릿값 알기	곱셈과 나눗셈의 관계	분수의 크기 비교
뛰어 세기, 두 수의 크기 비교	나눗셈의 몫을 구하는 방법	mm 단위를 알기와 mm 단위까지 길이 재기
세 자리 수의 덧셈	나눗셈의 세로 형식	km 단위를 알기
덧셈의 여러 가지 방법	곱셈을 활용하여 나눗셈의 몫 구하기	km, m, cm, mm의 단위가 있는 길이의
세 자리 수의 뺄셈	평면도형 밀기, 뒤집기, 돌리기	합과 차 구하기
뺄셈의 여러 가지 방법	평면도형 뒤집고 돌리기	시각과 시간의 개념 알기
각과 직각의 이해	(몇십)×(몇)의 계산	1초의 개념 알기
직각삼각형, 직사각형, 정사각형의 이해	(두 자리 수)×(한 자리 수)의 계산	시간의 합과 차 구하기

G - ❹ 교재	G - ❺ 교재	G - ❻ 교재
(네 자리 수)+(세 자리 수)	(몇십)÷(몇)	막대그래프
(네 자리 수)+(네 자리 수)	내림이 없는 (몇십 몇)÷(몇)	막대그래프 그리기
(네 자리 수)−(세 자리 수)	나눗셈의 몫과 나머지	그림그래프
(네 자리 수)−(네 자리 수)	나눗셈식의 검산 / (몇십 몇)÷(몇)	그림그래프 그리기
세 수의 덧셈과 뺄셈	들이 / 들이의 단위	알맞은 그래프로 나타내기
(세 자리 수)×(한 자리 수)	들이의 어림하기와 합과 차	규칙을 정해 무늬 꾸미기
(몇십)×(몇십) / (두 자리 수)×(몇십)	무게 / 무게의 단위	규칙을 찾아 문제 해결
(두 자리 수)×(두 자리 수)	무게의 어림하기와 합과 차	표를 만들어서 문제 해결
원의 중심과 반지름 / 그리기 / 지름 / 성질	0.1 / 소수 알아보기	예상과 확인으로 문제 해결
	소수의 크기 비교하기	

H 단계 교재

H - ❶ 교재	H - ❷ 교재	H - ❸ 교재
만 / 다섯 자리 수 / 십만, 백만, 천만	이등변삼각형 / 이등변삼각형의 성질	소수
억 / 조 / 큰 수 뛰어서 세기	정삼각형 / 예각과 둔각	소수 두 자리 수
두 수의 크기 비교	예각삼각형 / 둔각삼각형	소수 세 자리 수
100, 1000, 10000, 몇백, 몇천의 곱	덧셈, 뺄셈 또는 곱셈, 나눗셈이 섞여 있는 혼합	소수 사이의 관계
(세,네 자리 수)×(두 자리 수)	계산	소수의 크기 비교
세 수의 곱셈 / 몇십으로 나누기	덧셈, 뺄셈, 곱셈, 나눗셈이 섞여 있는 혼합 계산	규칙을 찾아 수로 나타내기
(두,세 자리 수)÷(두 자리 수)	( ), { }가 있는 혼합 계산	규칙을 찾아 글로 나타내기
각의 크기 / 각 그리기 / 각도의 합과 차	분수와 진분수 / 가분수와 대분수	새로운 무늬 만들기
삼각형의 세 각의 크기의 합	대분수를 가분수로, 가분수를 대분수로 나타내기	
사각형의 네 각의 크기의 합	분모가 같은 분수의 크기 비교	

H - ❹ 교재	H - ❺ 교재	H - ❻ 교재
분모가 같은 진분수의 덧셈	사다리꼴 / 평행사변형 / 마름모	꺾은선그래프
분모가 같은 대분수의 덧셈	직사각형과 정사각형의 성질	꺾은선그래프 그리기
분모가 같은 진분수의 뺄셈	다각형과 정다각형 / 대각선	물결선을 사용한 꺾은선그래프
분모가 같은 대분수의 뺄셈	여러 가지 모양 만들기	물결선을 사용한 꺾은선그래프 그리기
분모가 같은 대분수와 진분수의 덧셈과 뺄셈	여러 가지 모양으로 덮기	알맞은 그래프로 나타내기
소수의 덧셈 / 소수의 뺄셈	직사각형과 정사각형의 둘레	꺾은선그래프의 활용
수직과 수선 / 수선 긋기	1cm² / 직사각형과 정사각형의 넓이	두 수 사이의 관계
평행선 / 평행선 긋기	여러 가지 도형의 넓이	두 수 사이의 관계를 식으로 나타내기
평행선 사이의 거리	이상과 이하 / 초과와 미만 / 수의 범위	문제를 해결하고 풀이 과정을 설명하기
	올림과 버림 / 반올림 / 어림의 활용	

기탄초력수학 교재별 학습 내용

I 단계 교재

I - ❶ 교재

약수 / 배수 / 배수와 약수의 관계
공약수와 최대공약수
공배수와 최소공배수
크기가 같은 분수 알기
크기가 같은 분수 만들기
분수의 약분 / 분수의 통분
분수의 크기 비교 / 진분수의 덧셈
대분수의 덧셈 / 진분수의 뺄셈
대분수의 뺄셈 / 세 분수의 덧셈과 뺄셈

I - ❷ 교재

세 분수의 덧셈과 뺄셈
(진분수)×(자연수) / (대분수)×(자연수)
(자연수)×(진분수) / (자연수)×(대분수)
(단위분수)×(단위분수)
(진분수)×(진분수) / (대분수)×(대분수)
세 분수의 곱셈 / 합동인 도형의 성질
합동인 삼각형 그리기
면, 모서리, 꼭짓점
직육면체와 정육면체
직육면체의 성질 / 겨냥도 / 전개도

I - ❸ 교재

평행사변형의 넓이
삼각형의 넓이
사다리꼴의 넓이
마름모의 넓이
넓이의 단위 m^2, a
넓이의 단위 ha, km^2
넓이의 단위 관계
무게의 단위

I - ❹ 교재

분수와 소수의 관계
분수를 소수로, 소수를 분수로 나타내기
분수와 소수의 크기 비교
1÷(자연수)를 곱셈으로 나타내기
(자연수)÷(자연수)를 곱셈으로 나타내기
(진분수)÷(자연수) / (가분수)÷(자연수)
(대분수)÷(자연수)
분수와 자연수의 혼합 계산
선대칭도형/선대칭의 위치에 있는 도형
점대칭도형/점대칭의 위치에 있는 도형

I - ❺ 교재

(소수)×(자연수) / (자연수)×(소수)
곱의 소수점의 위치
(소수)×(소수)
소수의 곱셈
(소수)÷(자연수)
(자연수)÷(자연수)
줄기와 잎 그림
그림그래프
평균
자료를 그래프로 나타내고 설명하기

I - ❻ 교재

두 수의 크기 비교
비율
백분율
할푼리
실제로 해 보기와 표 만들기
그림 그리기와 식 만들기
예상하고 확인하기와 표 만들기
실제로 해 보기와 규칙 찾기

J 단계 교재

J - ❶ 교재

(자연수)÷(단위분수)
분모가 같은 진분수끼리의 나눗셈
분모가 다른 진분수끼리의 나눗셈
(자연수)÷(진분수) / 대분수의 나눗셈
분수의 나눗셈 활용하기
소수의 나눗셈 / (자연수)÷(소수)
소수의 나눗셈에서 나머지
반올림한 몫
입체도형과 각기둥 / 각뿔
각기둥의 전개도 / 각뿔의 전개도

J - ❷ 교재

쌓기나무의 개수
쌓기나무의 각 자리, 각 층별로 나누어
개수 구하기
규칙 찾기
쌓기나무로 만든 것, 여러 가지 입체도형,
여러 가지 생활 속 건축물의 위, 앞, 옆
에서 본 모양
원주와 원주율 / 원의 넓이
띠그래프 알기 / 띠그래프 그리기
원그래프 알기 / 원그래프 그리기

J - ❸ 교재

비례식
비의 성질
가장 작은 자연수의 비로 나타내기
비례식의 성질
비례식의 활용
연비
두 비의 관계를 연비로 나타내기
연비의 성질
비례배분
연비로 비례배분

J - ❹ 교재

(소수)÷(분수) / (분수)÷(소수)
분수와 소수의 혼합 계산
원기둥 / 원기둥의 전개도
원뿔
회전체 / 회전체의 단면
직육면체와 정육면체의 겉넓이
부피의 비교 / 부피의 단위
직육면체와 정육면체의 부피
부피의 큰 단위
부피와 들이 사이의 관계

J - ❺ 교재

원기둥의 겉넓이
원기둥의 부피
경우의 수
순서가 있는 경우의 수
여러 가지 경우의 수
확률
미지수를 x로 나타내기
등식 알기 / 방정식 알기
등식의 성질을 이용하여 방정식 풀기
방정식의 활용

J - ❻ 교재

두 수 사이의 대응 관계 / 정비례
정비례를 활용하여 생활 문제 해결하기
반비례
반비례를 활용하여 생활 문제 해결하기
그림을 그리거나 식을 세워 문제 해결하기
거꾸로 생각하거나 식을 세워 문제 해결하기
표를 작성하거나 예상과 확인을 통하여
문제 해결하기
여러 가지 방법으로 문제 해결하기
새로운 문제를 만들어 풀어 보기

학습 관리표

학습 내용		이번 주는?
소수의 곱셈	· (자연수 부분이 없는 소수)×(자연수) · (자연수 부분이 있는 소수)×(자연수) · (자연수)×(소수) · 소수와 자연수의 곱의 소수점의 위치 · 10, 100, 1000과 0.1, 0.01, 0.001을 곱했을 때 곱의 소수점의 위치 · 자연수 부분이 없는 소수끼리의 곱셈 · 자연수 부분이 있는 소수끼리의 곱셈 · 소수의 곱셈 · 창의력 학습 / · 경시대회 예상문제	· 학습 방법 : ① 매일매일 ② 가끔 ③ 한꺼번에 　하였습니다. · 학습 태도 : ① 스스로 잘 ② 시켜서 억지로 　하였습니다. · 학습 흥미 : ① 재미있게 ② 싫증내며 　하였습니다. · 교재 내용 : ① 적합하다고 ② 어렵다고 ③ 쉽다고 　하였습니다.

지도 교사가 부모님께	부모님이 지도 교사께

평가	Ⓐ 아주 잘함	Ⓑ 잘함	Ⓒ 보통	Ⓓ 부족함

원(교) 　　　 반 　 이름 　　　 전화

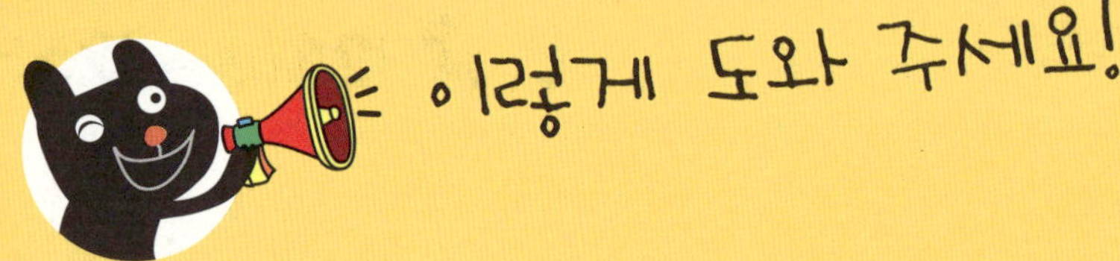

● 학습 목표

- (소수)×(자연수)의 계산 원리를 이해하고 계산할 수 있습니다.
- (자연수)×(소수)의 계산 원리를 이해하고 계산할 수 있습니다.
- 자연수와 소수의 곱셈에서 곱의 소수점의 위치를 알 수 있습니다.
- 소수에 10, 100, 1000을 곱하는 경우와 자연수에 0.1, 0.01, 0.001을 곱하는 경우의 곱의 소수점의 위치를 알 수 있습니다.
- (소수)×(소수)의 계산 원리를 이해하고 계산할 수 있습니다.
- 세 소수의 곱셈의 계산 방법을 알고 계산할 수 있습니다.

● 지도 내용

- 자연수 부분이 없는 소수, 자연수 부분이 있는 소수와 자연수의 곱셈의 계산 원리를 이해하여 여러 가지 방법으로 계산할 수 있게 합니다.
- 자연수와 소수의 곱셈의 계산 원리를 이해하여 여러 가지 방법으로 계산할 수 있게 합니다.
- 숫자의 배열이 같은 자연수와 소수의 곱셈을 자연수와 자연수의 곱셈과 비교하여 곱의 소수점의 위치를 알게 합니다.
- 소수에 10, 100, 1000을 곱하는 경우와 자연수에 0.1, 0.01, 0.001을 곱하는 경우의 곱의 소수점의 위치를 알게 합니다.
- 자연수 부분이 없는 소수끼리의 곱셈, 자연수 부분이 있는 소수끼리의 곱셈의 계산 원리를 이해하여 여러 가지 방법으로 계산할 수 있게 합니다.
- 세 소수의 곱셈의 계산 방법을 알고 계산하게 합니다.

● 지도 요점

이 단원에서는 이미 학습한 소수, 소수의 덧셈과 뺄셈, 분수의 곱셈을 바탕으로 자연수 부분이 없는 소수와 자연수 부분이 있는 소수의 곱셈, 세 소수의 곱셈의 원리를 이해할 수 있게 합니다. 또 계산 원리를 바탕으로 계산을 형식화하며 이를 통하여 소수의 곱셈을 능숙하게 계산할 수 있도록 합니다.

I-241a

◆ (자연수 부분이 없는 소수)×(자연수) ◆

1 수직선을 보고 □ 안에 알맞은 수를 써넣으시오.

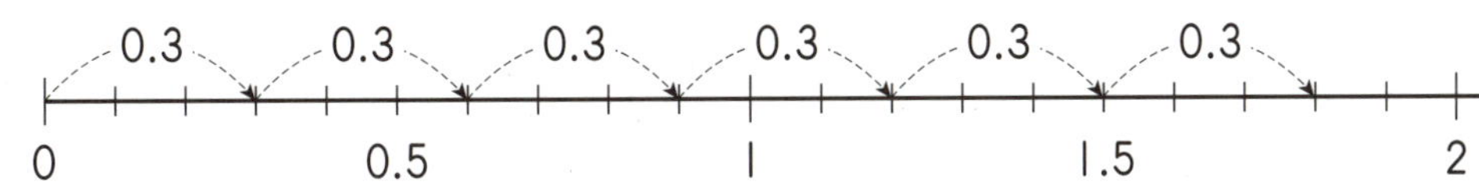

$$0.3 \times 6 = \boxed{} + \boxed{} + \boxed{} + \boxed{} + \boxed{} + \boxed{} = \boxed{}$$

2 보기 와 같이 소수를 분수로 나타내어 계산하시오.

보기

$$0.2 \times 6 = \frac{2}{10} \times 6 = \frac{2 \times 6}{10} = \frac{12}{10} = 1.2$$

$$0.6 \times 9 =$$

다음을 계산하시오. [3~6]

3
$$\begin{array}{r} 0.5 \\ \times \quad 3 \\ \hline \end{array}$$

4
$$\begin{array}{r} 0.8 \\ \times \quad 8 \\ \hline \end{array}$$

5 0.7×4

6 0.9×5

7 □ 안에 알맞은 수를 써넣으시오.

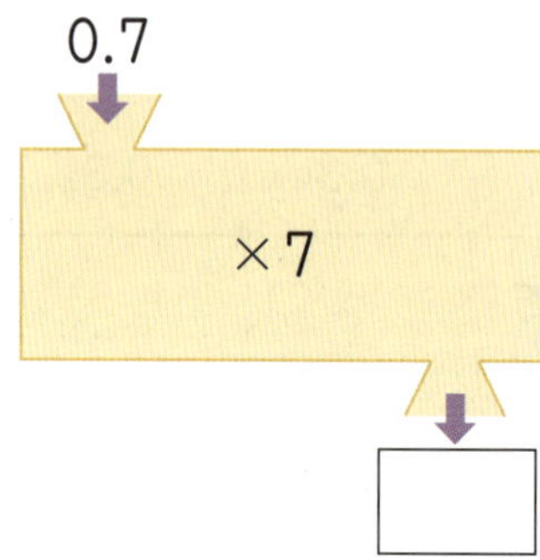

8 곱이 작은 것부터 차례로 기호를 쓰시오.

> ㉠ 0.5×5 ㉡ 0.8×2
> ㉢ 0.3×8 ㉣ 0.4×9

[답]

9 지호는 0.2m짜리 끈을 9개 가지고 있습니다. 지호가 가지고 있는 끈은 모두 몇 m입니까?

[식]   [답]

10 물이 1분에 0.3L씩 새는 수도꼭지가 있습니다. 이 수도꼭지에서 7분 동안 흘러나온 물은 모두 몇 L입니까?

[식]   [답]

사고력 학습

◆ (자연수 부분이 있는 소수)×(자연수) ◆

1 수 막대를 보고 ☐ 안에 알맞은 수를 써넣으시오.

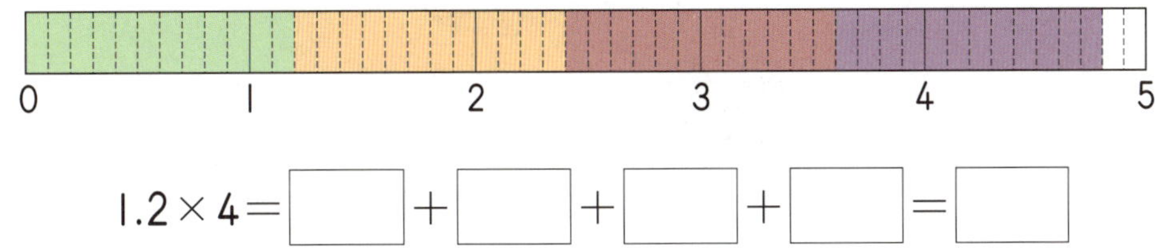

$$1.2 \times 4 = \boxed{} + \boxed{} + \boxed{} + \boxed{} = \boxed{}$$

☐ 안에 알맞은 수를 써넣으시오. [2~3]

2 $1.8 \times 3 = \dfrac{\boxed{}}{10} \times 3 = \dfrac{\boxed{} \times 3}{10} = \dfrac{\boxed{}}{10} = \boxed{}$

3 $4.07 \times 6 = \dfrac{\boxed{}}{100} \times 6 = \dfrac{\boxed{} \times 6}{100} = \dfrac{\boxed{}}{100} = \boxed{}$

다음을 계산하시오. [4~7]

4
$$\begin{array}{r} 2.3 \\ \times\ \ 4 \\ \hline \end{array}$$

5
$$\begin{array}{r} 3.19 \\ \times\ \ \ 3 \\ \hline \end{array}$$

6 5.3×5

7 1.84×2

8 □ 안에 알맞은 수를 써넣으시오.

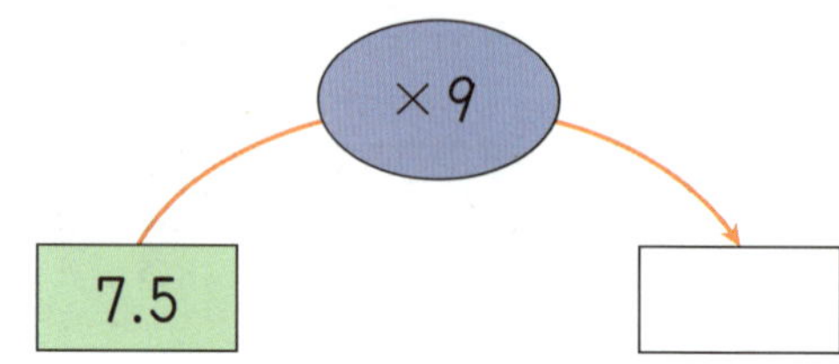

9 곱이 큰 것부터 차례로 ◯ 안에 번호를 쓰시오.

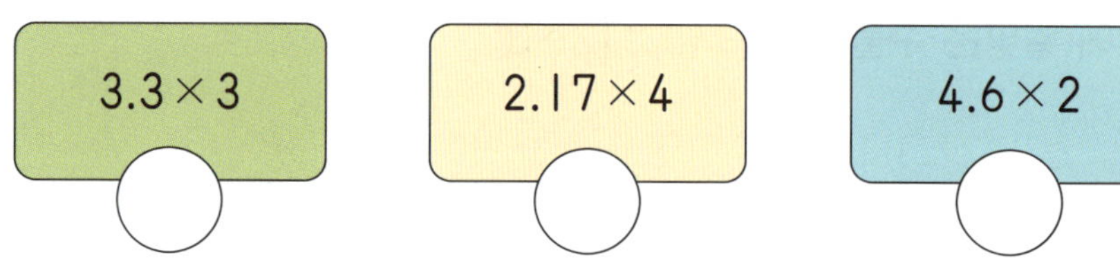

10 직사각형의 넓이는 몇 cm²입니까?

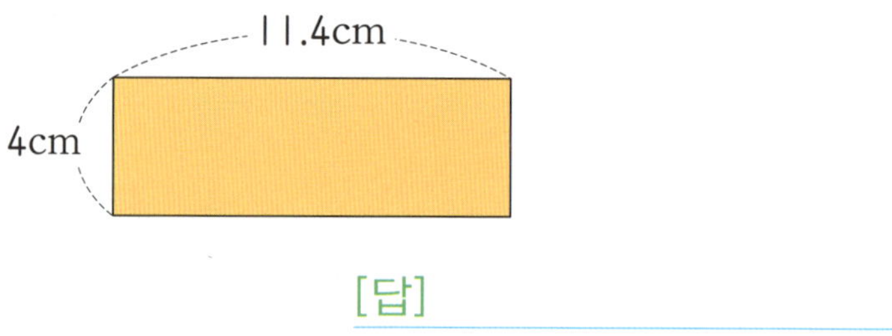

[답]

11 굵기가 일정한 철근이 있습니다. 1m의 무게가 1.2kg이라면 7m의 무게는 몇 kg입니까?

[식]   [답]

✿ 이름 :

✿ 날짜 :

✿ 시간 : 　시　　분 ~ 　시　　분

확인

◆ (자연수)×(소수) ◆

1 그림을 보고 □ 안에 알맞은 수를 써넣으시오.

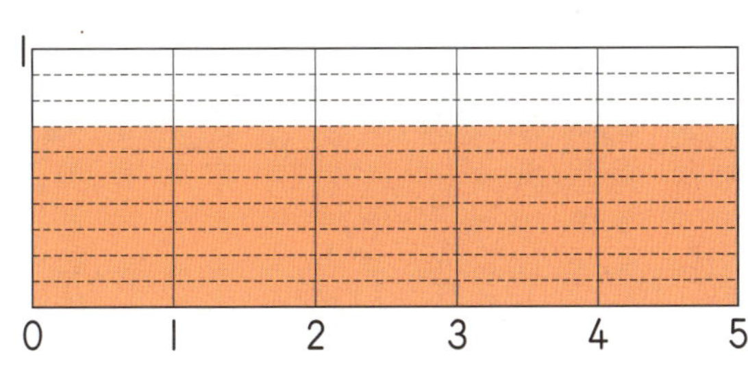

$$5 \times 0.7 = \boxed{}$$

2 보기 와 같이 소수를 분수로 나타내어 계산하시오.

보기

$$3 \times 0.6 = 3 \times \frac{6}{10} = \frac{3 \times 6}{10} = \frac{18}{10} = 1.8$$

$19 \times 0.11 =$

🐸 다음을 계산하시오. [3~6]

3
$$\begin{array}{r} 8 \\ \times\ 0.4 \\ \hline \end{array}$$

4
$$\begin{array}{r} 15 \\ \times\ 0.5 \\ \hline \end{array}$$

5 6×0.23

6 22×0.31

7 빈칸에 알맞은 수를 써넣으시오.

×	0.8	0.04
12		

8 곱의 크기를 비교하여 ○ 안에 >, =, <를 알맞게 써넣으시오.

$$7 \times 0.51 \bigcirc 37 \times 0.09$$

9 ㉠−㉡을 구하시오.

㉠ 29×0.52	㉡ 48×0.3

[답] ________________

10 1시간에 86km를 달리는 자동차가 있습니다. 이 자동차가 같은 빠르기로 0.75시간 동안 달리면 몇 km를 갈 수 있습니까?

[식] ________________   [답] ________________

사고력 학습

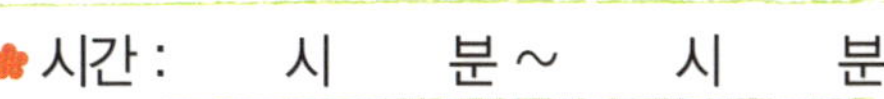

◆ (소수)×(자연수), (자연수)×(소수)에서 곱의 소수점의 위치(1) ◆

□ 안에 알맞은 수를 써넣으시오. [1~3]

1 $0.4 \times 8 = \dfrac{\square}{10} \times 8 = \dfrac{\square \times 8}{10} = \dfrac{\square}{10} = \square$

2 $9 \times 0.041 = 9 \times \dfrac{\square}{1000} = \dfrac{9 \times \square}{1000} = \dfrac{\square}{1000} = \square$

3 $0.27 \times 35 = \dfrac{\square}{100} \times 35 = \dfrac{\square \times 35}{100} = \dfrac{\square}{100} = \square$

보기 와 같이 곱에 소수점을 바르게 찍으시오. [4~5]

보기

$$
\begin{array}{r} 0.3\,1 \\ \times\quad 7 \\ \hline 2\,1\,7 \end{array}
\quad\Rightarrow\quad
\begin{array}{r} 0.3\,1 \\ \times\quad 7 \\ \hline 2.1\,7 \end{array}
$$

4
$$
\begin{array}{r} 0.0\,6 \\ \times\quad 2 \\ \hline 1\,2 \end{array}
$$

5
$$
\begin{array}{r} 2\,5 \\ \times\ 0.7\,1 \\ \hline 1\,7\,7\,5 \end{array}
$$

 다음을 계산하시오. [6~11]

6
$$\begin{array}{r} 0.16 \\ \times\ \ \ \ 4 \\ \hline \end{array}$$

7
$$\begin{array}{r} 0.007 \\ \times\ \ \ \ \ \ 6 \\ \hline \end{array}$$

8
$$\begin{array}{r} 63 \\ \times\ 0.21 \\ \hline \end{array}$$

9
$$\begin{array}{r} 44 \\ \times\ 0.003 \\ \hline \end{array}$$

10 0.098×2

11 3×0.73

12 $52 \times 16 = 832$를 이용하여 $\square$ 안에 알맞은 수를 써넣으시오.

(1) $5.2 \times 16 = \boxed{}$

$0.52 \times 16 = \boxed{}$

$0.052 \times 16 = \boxed{}$

$0.0052 \times 16 = \boxed{}$

(2) $52 \times 1.6 = \boxed{}$

$52 \times 0.16 = \boxed{}$

$52 \times 0.016 = \boxed{}$

$52 \times 0.0016 = \boxed{}$

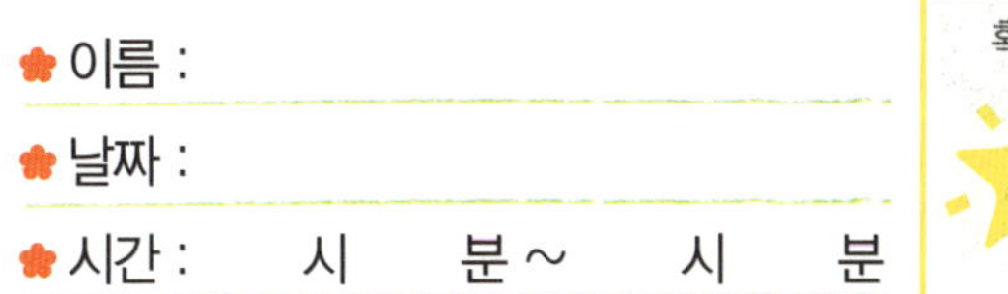

◆ (소수)×(자연수), (자연수)×(소수)에서 곱의 소수점의 위치(2) ◆

1 빈 곳에 두 수의 곱을 써넣으시오.

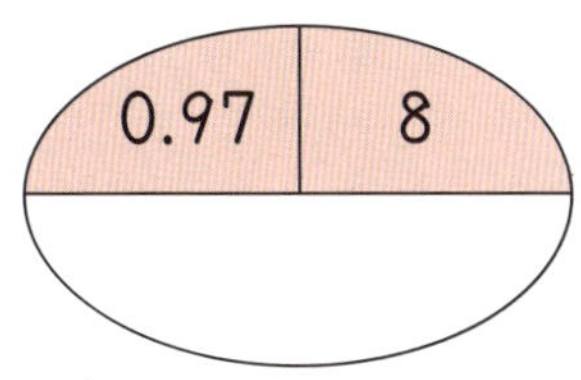

2 곱의 소수점의 위치로 알맞은 곳을 찾아 기호를 쓰시오.

$$61 \times 0.037 = {}_\uparrow 2 {}_\uparrow 2 {}_\uparrow 5 {}_\uparrow 7 {}_\uparrow$$
$$\qquad\quad ㉠\;㉡\;㉢\;㉣\;㉤$$

[답]

3 곱의 계산 결과가 다른 하나를 찾아 기호를 쓰시오.

㉠ 0.29 × 61   ㉡ 29 × 0.61
㉢ 0.061 × 290   ㉣ 2.9 × 61

[답]

4 곱의 크기를 비교하여 ○ 안에 >, =, <를 알맞게 써넣으시오.

0.088 × 11 ○ 88 × 0.11

사고력 학습

5 곱의 결과가 소수 세 자리 수인 것을 찾아 기호를 쓰시오.

> ㉠ 0.16 × 77　　㉡ 0.045 × 19　　㉢ 53 × 0.6

[답] __________

6 곱이 더 큰 것에 ○표 하시오.

> 0.074 × 13

> 29 × 0.037

(　　　　)　　　　(　　　　)

7 46 × 55 = 2530을 이용하여 ㉠은 ㉡의 몇 배인지 구하시오.

> ㉠ 4600 × 0.055　　㉡ 4.6 × 5500

[답] __________

8 □ 안에 알맞은 수를 써넣으시오.

$$0.96 × 28 = 96 × \boxed{}$$

사고력 학습

◆ 10, 100, 1000과 0.1, 0.01, 0.001을 곱했을 때 곱의 소수점의 위치(1) ◆

1 □ 안에 알맞은 수를 써넣으시오.

(1) $0.67 \times 10 = \dfrac{\boxed{}}{100} \times 10 = \dfrac{\boxed{} \times 10}{100} = \dfrac{\boxed{}}{100} = \boxed{}$

(2) $0.67 \times 100 = \dfrac{\boxed{}}{100} \times 100 = \dfrac{\boxed{} \times 100}{100} = \dfrac{\boxed{}}{100} = \boxed{}$

(3) $0.67 \times 1000 = \dfrac{\boxed{}}{100} \times 1000 = \dfrac{\boxed{} \times 1000}{100}$

$= \dfrac{\boxed{}}{100} = \boxed{}$

2 □ 안에 알맞은 수를 써넣으시오.

(1) $503 \times 0.1 = 503 \times \dfrac{1}{\boxed{}} = \dfrac{503 \times 1}{\boxed{}} = \dfrac{503}{\boxed{}} = \boxed{}$

(2) $503 \times 0.01 = 503 \times \dfrac{1}{\boxed{}} = \dfrac{503 \times 1}{\boxed{}} = \dfrac{503}{\boxed{}} = \boxed{}$

(3) $503 \times 0.001 = 503 \times \dfrac{1}{\boxed{}} = \dfrac{503 \times 1}{\boxed{}} = \dfrac{503}{\boxed{}} = \boxed{}$

빈 곳에 알맞은 수를 써넣으시오. [3~4]

3 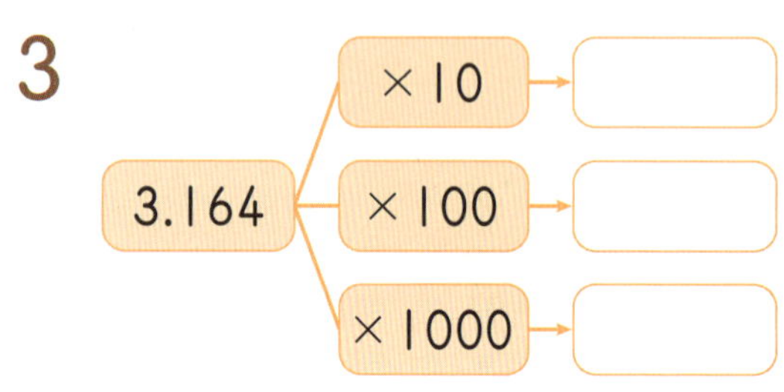

4 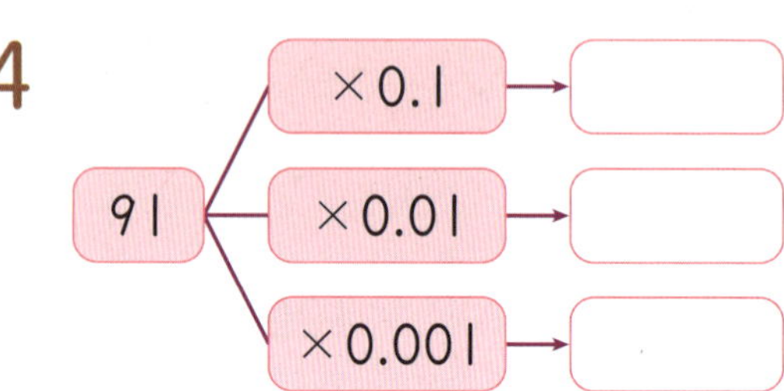

다음을 계산하시오. [5~10]

5 0.23×10

6 0.556×100

7 4.818×1000

8 297×0.1

9 69×0.01

10 3300×0.001

☐ 안에 알맞은 수를 써넣으시오. [11~14]

11 $5.4 \times \boxed{} = 54$

12 $\boxed{} \times 1000 = 21$

13 $8 \times \boxed{} = 0.08$

14 $\boxed{} \times 0.1 = 1.504$

사고력 학습

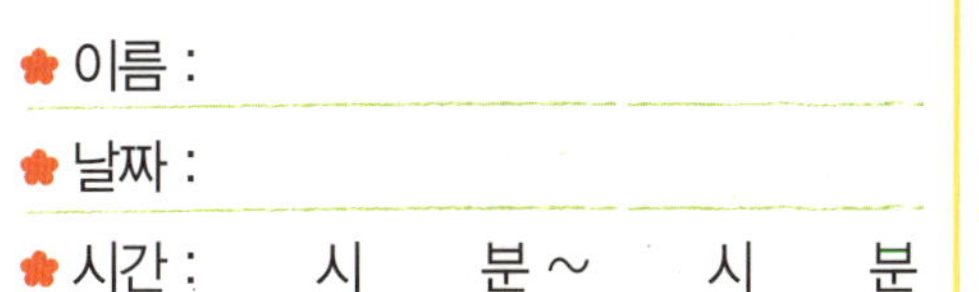

◆ 10, 100, 1000과 0.1, 0.01, 0.001을 곱했을 때 곱의 소수점의 위치(2) ◆

1 □ 안에 알맞은 수를 써넣으시오.

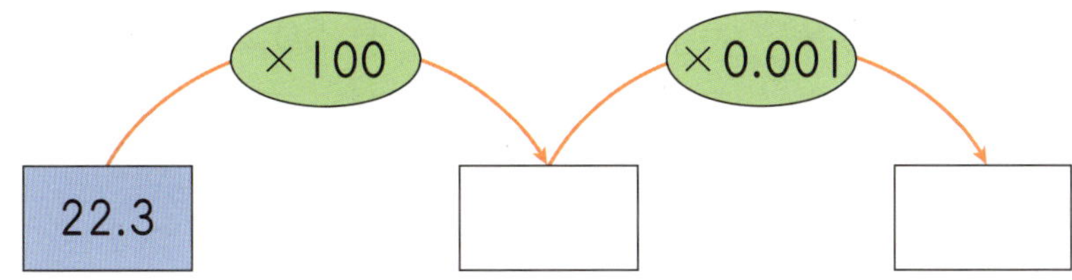

2 곱의 크기를 비교하여 ○ 안에 >, =, <를 알맞게 써넣으시오.

$$0.456 \times 10 \bigcirc 450 \times 0.01$$

3 계산 결과가 다른 하나를 찾아 기호를 쓰시오.

ㄱ 9540 × 0.01   ㄴ 9.54 × 100

ㄷ 954 × 0.1   ㄹ 0.0954 × 1000

[답]

사고력 학습

4 □ 안에 들어갈 수가 가장 작은 것을 찾아 기호를 쓰시오.

> ㉠ 1.3×□=130   ㉡ 82×□=8.2
> ㉢ 106×□=1.06   ㉣ 50.47×□=504.7

[답]

5 어떤 수에 0.001을 곱했더니 0.309가 되었습니다. 어떤 수는 얼마입니까?

[답]

6 무게가 0.27kg인 인형이 있습니다. 이 인형 100개의 무게는 몇 kg입니까?

[식]   [답]

7 윤수는 용돈으로 25000원을 받았습니다. 받은 용돈의 0.1만큼을 저금하려고 한다면, 윤수가 저금해야 하는 돈은 얼마입니까?

[식]   [답]

사고력 학습

◆ 자연수 부분이 없는 소수끼리의 곱셈(1) ◆

1 가로가 0.8m, 세로가 0.6m인 직사각형의 넓이를 알아보려고 합니다. 물음에 답하시오.

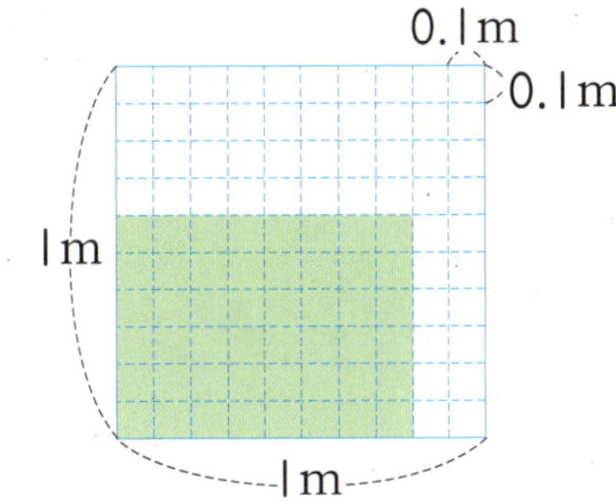

(1) 오른쪽 작은 눈금 한 칸의 넓이는 몇 m²입니까?

[답]

(2) 가로가 0.8m이고, 세로가 0.6m인 직사각형에는 작은 정사각형이 모두 몇 개 있습니까?

[답]

(3) 가로가 0.8m이고, 세로가 0.6m인 직사각형의 넓이는 몇 m²입니까?

[답]

□ 안에 알맞은 수를 써넣으시오. [2~3]

2 $0.5 \times 0.33 = \dfrac{\Box}{10} \times \dfrac{\Box}{100} = \dfrac{\Box}{1000} = \Box$

3 $0.14 \times 0.72 = \dfrac{\Box}{100} \times \dfrac{\Box}{100} = \dfrac{\Box}{10000} = \Box$

🐸 □ 안에 알맞은 수를 써넣으시오. [4~5]

4

$$\begin{array}{r} 0.2\,9 \\ \times\ \ 0.7 \\ \hline \end{array}$$

$$\begin{array}{r} 2\,9 \\ \times\ \ \ 7 \\ \hline \end{array}$$ ➡ $$\begin{array}{r} 0.2\,9 \\ \times\ \ 0.7 \\ \hline \end{array}$$

5

$$\begin{array}{r} 0.4\,1 \\ \times\,0.1\,6 \\ \hline \end{array}$$

$$\begin{array}{r} 4\,1 \\ \times\ 1\,6 \\ \hline \\ \\ \end{array}$$ ➡ $$\begin{array}{r} 0.4\,1 \\ \times\ 0.1\,6 \\ \hline \end{array}$$

🐸 다음을 계산하시오. [6~9]

6

$$\begin{array}{r} 0.3 \\ \times\ 0.9 \\ \hline \end{array}$$

7

$$\begin{array}{r} 0.2 \\ \times\,0.5\,8 \\ \hline \end{array}$$

8 0.06×4

9 0.83×0.11

◆ 자연수 부분이 없는 소수끼리의 곱셈(2) ◆

1 빈칸에 알맞은 수를 써넣으시오.

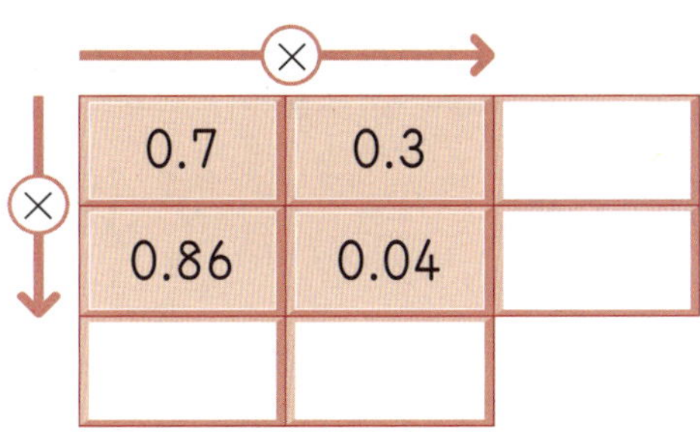

2 가장 큰 수와 가장 작은 수의 곱을 구하시오.

0.3   0.58   0.21   0.9   0.09

[답]

3 곱의 크기를 비교하여 ◯ 안에 ＞, ＝, ＜ 를 알맞게 써넣으시오.

0.06 × 0.55 ◯ 0.4 × 0.08

사고력 학습

4 I에서 **9**까지의 숫자 중에서 □ 안에 들어갈 수 있는 자연수는 모두 몇 개입니까?

$$0.048 \times 0.9 > 0.0\square32$$

[답]

5 정사각형의 넓이는 몇 m²입니까?

[답]

6 우유가 0.75L 있습니다. 그중 영희가 0.4만큼을 마셨습니다. 영희가 마신 우유는 몇 L입니까?

[식]   [답]

7 I분 동안에 0.007km를 기어가는 거북이 있습니다. 이 거북이 같은 빠르기로 0.6분 동안 기어간다면 몇 km를 갈 수 있습니까?

[식]   [답]

I-250a

◆ 자연수 부분이 있는 소수끼리의 곱셈(1) ◆

보기 와 같이 소수를 분수로 나타내어 계산하시오. [1~3]

> **보기**
>
> $$2.2 \times 3.7 = \frac{22}{10} \times \frac{37}{10} = \frac{814}{100} = 8.14$$

1 $1.9 \times 2.5 =$

2 $4.08 \times 5.3 =$

3 $11.74 \times 6.2 =$

4 ☐ 안에 알맞은 수를 써넣으시오.

$$\begin{array}{r} 2.4 \\ \times\ 3.3 \\ \hline \end{array}$$

$$\begin{array}{r} 2\,4 \\ \times\ 3\,3 \\ \hline \square \\ \square \\ \hline \square \end{array}$$
➡
$$\begin{array}{r} 2.4 \\ \times\ 3.3 \\ \hline \square \end{array}$$

🐸 다음을 계산하시오. [5~14]

5
$$\begin{array}{r} 3.4 \\ \times\ 9.8 \\ \hline \end{array}$$

6
$$\begin{array}{r} 15.5 \\ \times\ \ 7.1 \\ \hline \end{array}$$

7
$$\begin{array}{r} 2.2 \\ \times\ 30.4 \\ \hline \end{array}$$

8
$$\begin{array}{r} 8.01 \\ \times\ \ 4.6 \\ \hline \end{array}$$

9
$$\begin{array}{r} 3.22 \\ \times\ 12.9 \\ \hline \end{array}$$

10
$$\begin{array}{r} 9.19 \\ \times\ 8.03 \\ \hline \end{array}$$

11 5.2×7.8

12 46.3×1.9

13 9.4×2.66

14 6.27×2.84

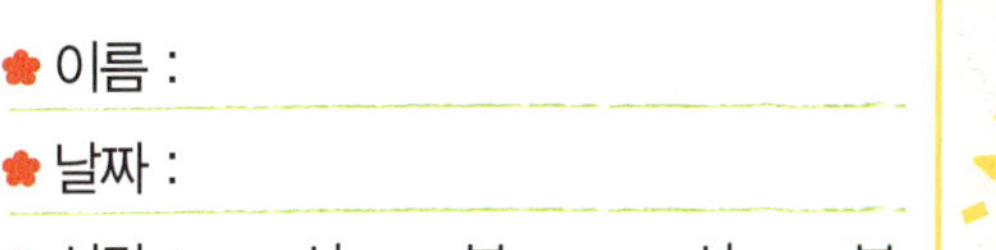

★ 이름 :
★ 날짜 :
★ 시간 :　　시　　분 ～　　시　　분

확인

◆ **자연수 부분이 있는 소수끼리의 곱셈(2)** ◆

1 빈 곳에 알맞은 수를 써넣으시오.

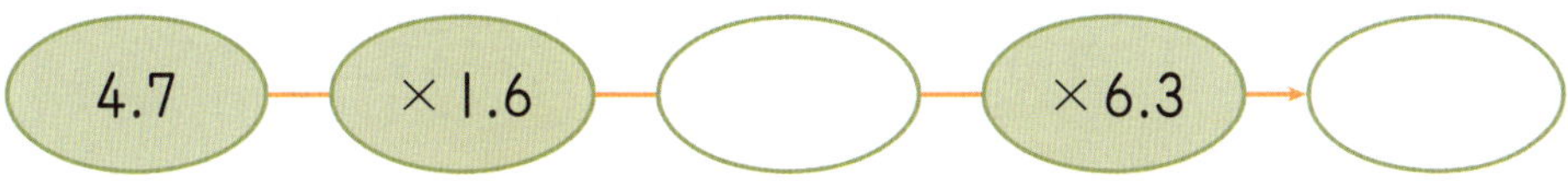

$$4.7 \rightarrow \times 1.6 \rightarrow \bigcirc \rightarrow \times 6.3 \rightarrow \bigcirc$$

2 곱이 작은 것부터 차례로 기호를 쓰시오.

㉠ 15.7×3.3	㉡ 9.1×8.4
㉢ 14.02×2.4	㉣ 10.6×5.05

[답]

3 ㉠－㉡을 구하시오.

㉠ 6.02×5.3	㉡ 4.1×3.7

[답]

4 □ 안에 알맞은 수를 써넣으시오.

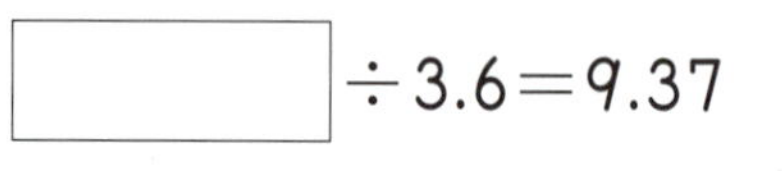

$$\boxed{} \div 3.6 = 9.37$$

5 평행사변형의 넓이는 몇 cm²입니까?

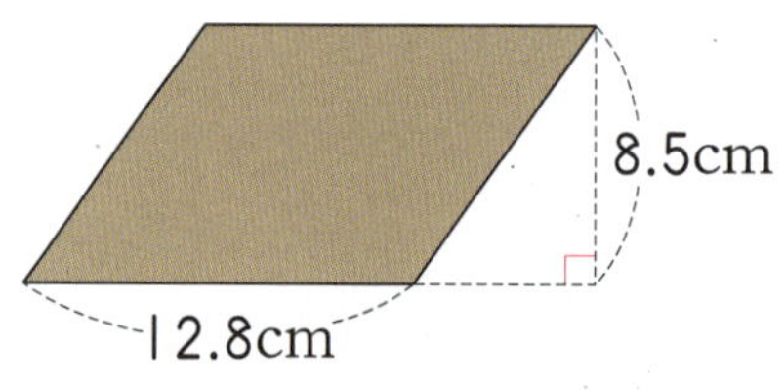

[답]

6 우주의 키는 1.4m입니다. 아버지의 키는 우주의 키의 1.25배입니다. 아버지의 키는 몇 m입니까?

[식]   [답]

7 1시간에 1.7cm씩 타는 양초가 있습니다. 이 양초에 3.5시간 동안 불을 붙이면 양초는 몇 cm 타겠습니까?

[식]   [답]

 사고력 학습

🌸 이름 :

🌸 날짜 :

🌸 시간 :　　시　　분 ~ 　　시　　분

확인

◆ **소수의 곱셈** ◆

🐸 ☐ 안에 알맞은 수를 써넣으시오. [1~2]

1　$2.06 \times 1.5 \times 5.8 =$ ☐

2　$0.4 \times 2.9 \times 3.55 =$ ☐

3　보기 와 같이 소수를 분수로 나타내어 계산하시오.

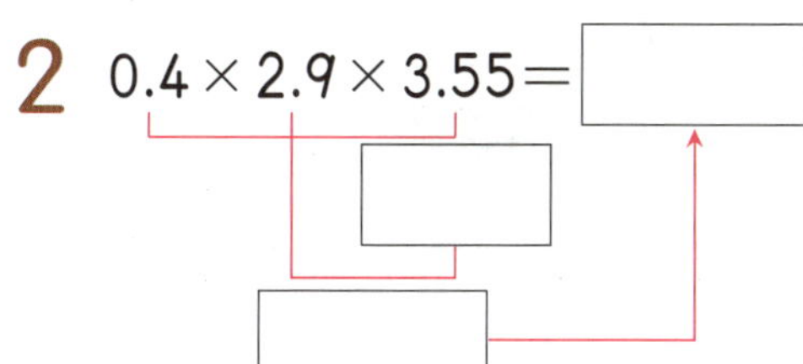

$$0.2 \times 5.1 \times 0.6 = \frac{2}{10} \times \frac{51}{10} \times \frac{6}{10} = \frac{612}{1000} = 0.612$$

$2.9 \times 0.7 \times 4.8 =$

🐸 다음을 계산하시오. [4~7]

4　$0.3 \times 0.9 \times 0.2$

5　$7.1 \times 1.8 \times 8.8$

6　$0.4 \times 3.7 \times 0.65$

7　$6.4 \times 0.7 \times 5.09$

8 □ 안에 알맞은 수를 써넣으시오.

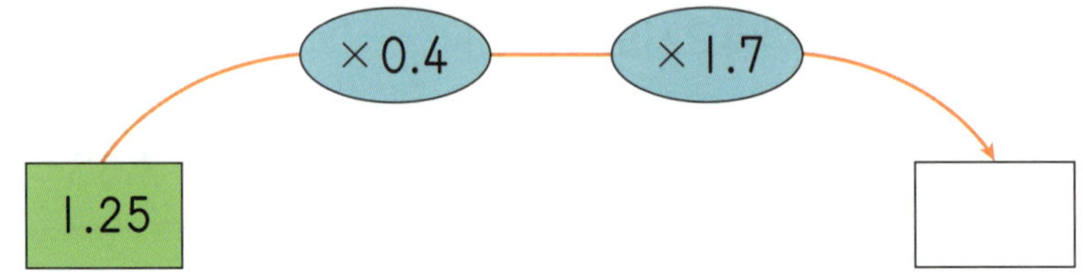

9 ㉠+㉡을 구하시오.

㉠ $5.7 \times 0.8 \times 11.5$　　㉡ $0.6 \times 4.5 \times 3.4$

[답]

10 곱이 작은 것부터 차례로 기호를 쓰시오.

㉠ $3.8 \times 0.9 \times 2.27$　　㉡ $9.6 \times 1.1 \times 0.2$　　㉢ $13.5 \times 0.6 \times 0.4$

[답]

11 한 변이 0.35m인 정사각형 모양의 도화지가 12.8장 있습니다. 이 도화지의 넓이는 모두 몇 m^2입니까?

[식]　　　　　　　　　　　　[답]

 창의력 학습

영호가 민수를 만나러 가기 위해 **가, 나, 다, 라** 문을 통과해야 합니다. 그런데 각 문에 해당하는 곱에 소수점을 바르게 찍어야 문이 열립니다. 영호가 민수를 만날 수 있게 소수점을 바르게 찍어 보시오.

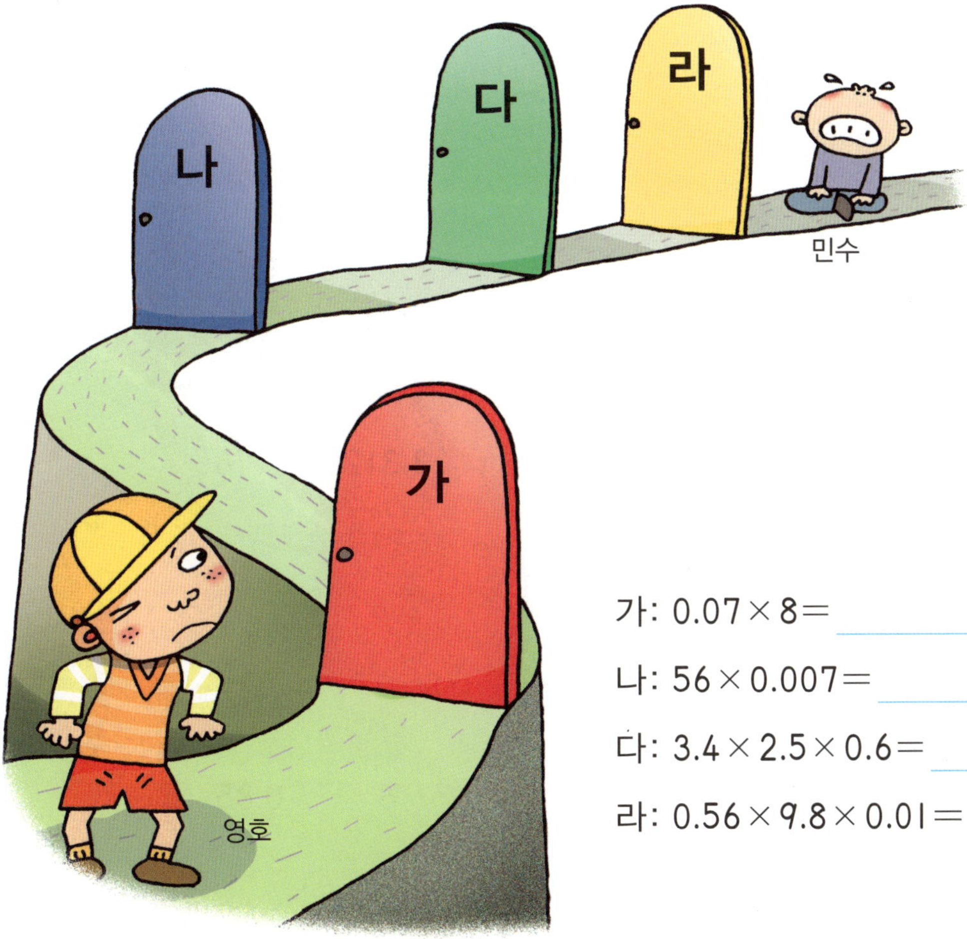

가: $0.07 \times 8 =$ 　　56

나: $56 \times 0.007 =$ 　　392

다: $3.4 \times 2.5 \times 0.6 =$ 　　51

라: $0.56 \times 9.8 \times 0.01 =$ 　　5488

○ 안에 있는 네 개의 수 사이에는 일정한 규칙이 있습니다. 규칙에 맞게 빈 곳에 알맞은 수를 써넣으시오.

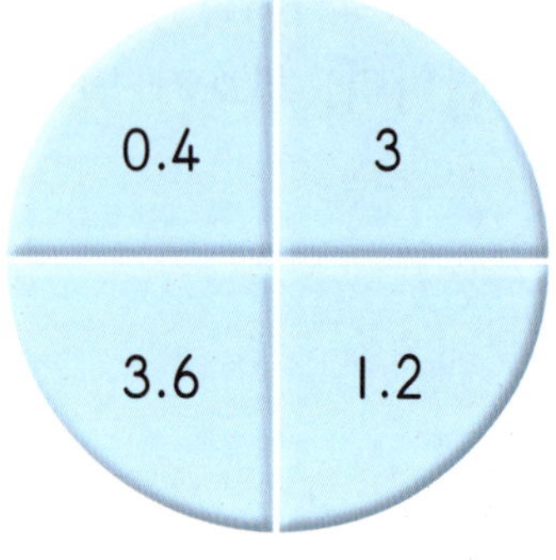

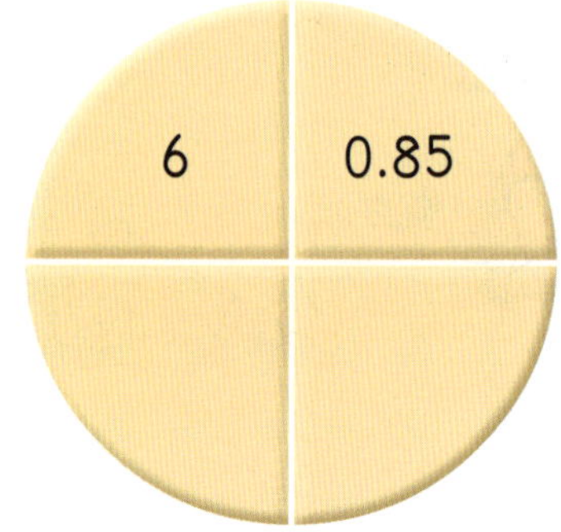

★ 이름 :
★ 날짜 :
★ 시간 :　　시　　분 ~ 　　시　　분

 경시대회 예상문제

1 소리는 공기 중에서 1초에 0.34km를 간다고 합니다. 이 소리가 같은 속도로 10분 동안 갈 수 있는 거리는 몇 km입니까?

[답]

서술형·논술형

2 □ 안에 들어갈 수 있는 자연수는 모두 몇 개인지 구하는 과정을 쓰고 답을 구하시오.

$$8.25 \times 9 < □ < 12 \times 7.4$$

[답]

3 0.5×0.0002를 계산한 값은 소수 몇 자리 수입니까?

[답]

서술형·논술형

4 길이가 1.45m인 색 테이프 7장을 그림과 같이 0.55m씩 겹치게 이어 붙였습니다. 이어 붙인 색 테이프 전체의 길이는 몇 m인지 풀이 과정을 쓰고 답을 구하시오.

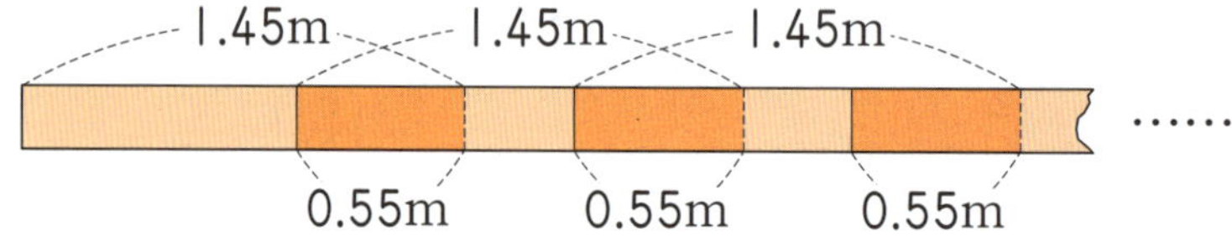

[답]

5 ⑴ , ⑶ , ⑸ , ⑺ 4장의 숫자 카드를 한 번씩 모두 사용하여 (한 자리의 자연수)×(소수 두 자리 수)를 만들려고 합니다. 곱이 가장 크게 되는 식을 만들고 그 곱을 구하시오.

[답]

6 어떤 수에 5.86을 곱해야 할 것을 잘못하여 586을 곱했더니 861.42가 되었습니다. 바르게 계산하면 얼마입니까?

[답]

경시대회 예상문제

7 곱의 소수점 아래 자릿수가 적은 것부터 차례로 기호를 쓰시오.

> ㉠ 19.3 × 5.4 ㉡ 8.5 × 6.6
> ㉢ 0.74 × 3.19 ㉣ 6.08 × 0.2

[답]

8 곱이 더 큰 것의 기호를 쓰시오.

> ㉠ 3.92 × 2.8 × 0.5 × 1.4 ㉡ 11.6 × 0.9 × 0.25 × 2.4

[답]

9 도형에서 색칠한 부분의 넓이는 몇 cm²입니까?

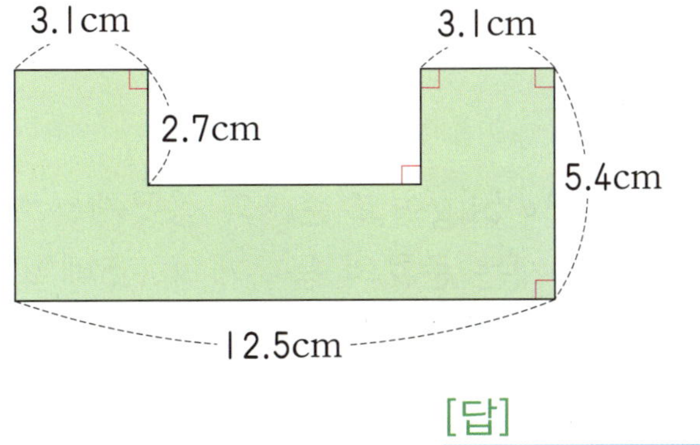

[답]

10 0.3을 85번 곱하면 소수점 아래 85번째 자리 숫자는 얼마입니까?

$$0.3 = 0.3$$
$$0.3 \times 0.3 = 0.09$$
$$0.3 \times 0.3 \times 0.3 = 0.027$$
$$0.3 \times 0.3 \times 0.3 \times 0.3 = 0.0081$$
$$0.3 \times 0.3 \times 0.3 \times 0.3 \times 0.3 = 0.00243$$
$$0.3 \times 0.3 \times 0.3 \times 0.3 \times 0.3 \times 0.3 = 0.000729$$

[답]

11 ㉠＊㉡＝(㉠＋㉡)×(㉠－㉡)×㉡일 때 4.8＊2.3을 구하시오.

[답]

12 아버지의 몸무게는 84.5kg이고 준호의 몸무게는 아버지의 몸무게의 0.48배입니다. 형의 몸무게는 준호의 몸무게의 1.5배입니다. 형의 몸무게는 몇 kg입니까?

[답]

학습 관리표

학습 내용		이번 주는?
소수의 나눗셈	· 몫이 소수 한 자리 수인 (소수)÷(자연수) · 몫이 소수 두 자리 수인 (소수)÷(자연수) · 몫의 자연수 부분이 0인 (소수)÷(자연수) · 소수 끝자리 아래 0을 내려 계산하는 (소수)÷(자연수) · 몫의 소수 첫째 자리에 0이 있는 (소수)÷(자연수) · (자연수)÷(자연수) · 창의력 학습 / · 경시대회 예상문제	• 학습 방법 : ① 매일매일　② 가끔　③ 한꺼번에 하였습니다. • 학습 태도 : ① 스스로 잘　② 시켜서 억지로 하였습니다. • 학습 흥미 : ① 재미있게　② 싫증내며 하였습니다. • 교재 내용 : ① 적합하다고 ② 어렵다고　③ 쉽다고 하였습니다.

지도 교사가 부모님께	부모님이 지도 교사께

평가	Ⓐ 아주 잘함	Ⓑ 잘함	Ⓒ 보통	Ⓓ 부족함

원(교)　　　　반　　이름　　　　　전화

기초부터 탄탄하게
기탄교육
www.gitan.co.kr / (02)586-1007(대)

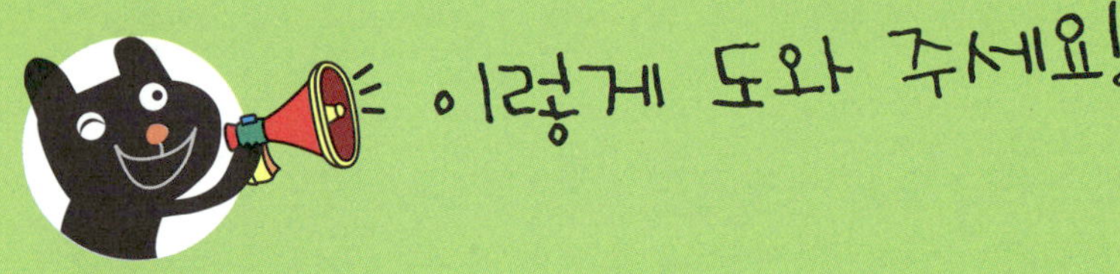

● 학습 목표

- 몫이 소수 한 자리 수인 (소수)÷(자연수)의 계산 원리를 이해하고 계산할 수 있습니다.
- 몫이 소수 두 자리 수인 (소수)÷(자연수)의 계산 원리를 이해하고 계산할 수 있습니다.
- 몫의 자연수 부분이 0인 (소수)÷(자연수)의 계산 원리를 이해하고 계산할 수 있습니다.
- 소수 끝자리 아래 0을 내려 계산하는 (소수)÷(자연수)의 계산 원리를 이해하고 계산할 수 있습니다.
- 몫의 소수 첫째 자리에 0이 있는 (소수)÷(자연수)의 계산 원리를 이해하고 계산할 수 있습니다.
- (자연수)÷(자연수)의 몫을 소수로 나타내고, 몫이 나누어떨어지지 않는 경우 반올림하여 필요한 자리까지 나타낼 수 있습니다.

● 지도 내용

- (소수)÷(자연수)에서 소수를 분수로 바꾸어 계산하게 합니다.
- (자연수)÷(자연수)를 분수로 나타내어 소수로 나타내는 방법을 알게 합니다.
- (자연수)÷(자연수), (소수)÷(자연수)의 몫을 반올림하여 필요한 자리까지 나타낼 수 있도록 합니다.

● 지도 요점

이 단원에서는 이미 학습한 소수, 소수의 덧셈과 뺄셈, 분수와 소수, 분수의 곱셈, 소수의 곱셈, 분수의 나눗셈을 바탕으로 (소수)÷(자연수)의 계산 원리를 이해하고, 계산 형식과 방법을 알게 합니다. 또 (자연수)÷(자연수)의 몫을 소수로 나타내는 방법과 몫이 나누어떨어지지 않는 경우 반올림하여 나타내는 방법을 알게 합니다.

✿ 이름 :

✿ 날짜 :

✿ 시간 :　　시　분～　시　분

확인

◆ 몫이 소수 한 자리 수인 (소수)÷(자연수)(1) ◆

1 수직선을 보고 □ 안에 알맞은 수를 써넣으시오.

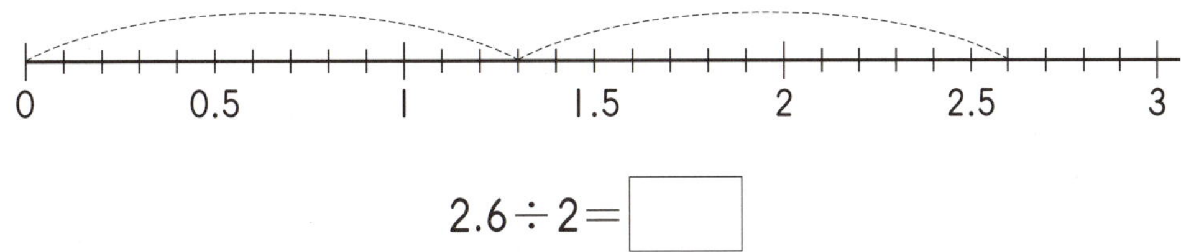

$$2.6 \div 2 = \boxed{}$$

주어진 식을 이용하여 □ 안에 알맞은 수를 써넣으시오. [2~3]

2 $45 \div 3 = 15 \;\Rightarrow\; 4.5 \div 3 = \boxed{}$

3 $165 \div 15 = 11 \;\Rightarrow\; 16.5 \div 15 = \boxed{}$

□ 안에 알맞은 수를 써넣으시오. [4~5]

4 $9.6 \div 4 = \dfrac{\boxed{}}{10} \div 4 = \dfrac{\boxed{}}{10 \times \boxed{}} = \dfrac{\boxed{}}{10} = \boxed{}$

5 $39.1 \div 17 = \dfrac{\boxed{}}{10} \div 17 = \dfrac{\boxed{}}{10 \times \boxed{}} = \dfrac{\boxed{}}{10} = \boxed{}$

사고력 학습

🐸 □ 안에 알맞은 수를 써넣으시오. [6~7]

6 2) 6.4 → 0

7 17) 5 9.5 → 0

🐸 다음을 계산하시오. [8~13]

8 8.7÷3

9 18.5÷5

10 65.7÷9

11 93.5÷17

12 6) 3 3.6

13 14) 6 0.2

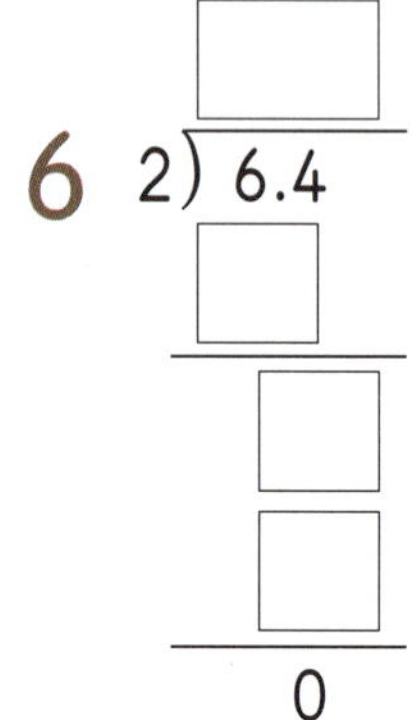 사고력 학습

◆ 몫이 소수 한 자리 수인 (소수)÷(자연수)(2) ◆

1 □ 안에 알맞은 수를 써넣으시오.

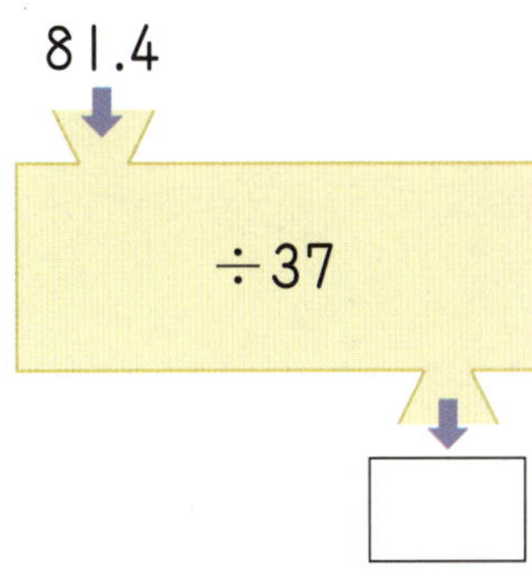

2 몫의 크기를 비교하여 ○ 안에 >, =, <를 알맞게 써넣으시오.

$$364.7 \div 7 \;\bigcirc\; 513.6 \div 16$$

3 1에서 9까지의 숫자 중에서 □ 안에 들어갈 수 있는 자연수를 모두 구하시오.

$$63.9 \div 9 < \square$$

[답]

4 ㉠－㉡을 구하시오.

㉠ 146.8÷4   ㉡ 249.7÷11

[답]

5 어떤 수를 4로 나누어야 할 것을 잘못하여 곱하였더니 271.2가 되었습니다. 어떤 수를 구하시오.

[답]

6 길이가 106.6cm인 색 테이프를 13등분하였습니다. 한 도막은 몇 cm입니까?

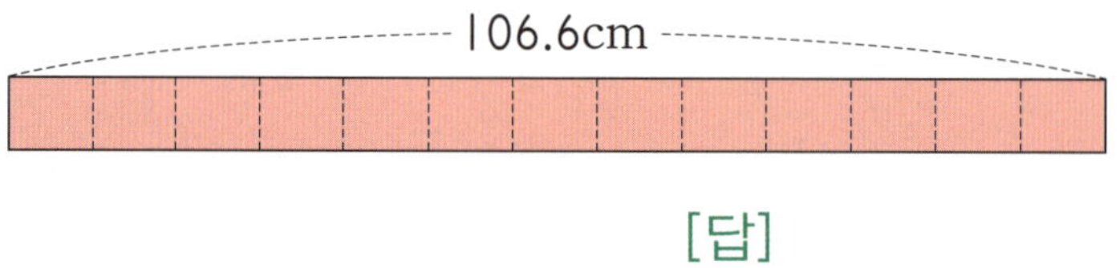

[답]

7 똑같은 화분 16개는 51.2kg입니다. 화분 한 개는 몇 kg입니까?

[식]   [답]

사고력 학습

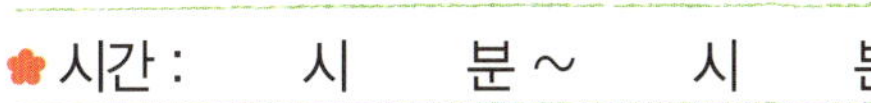

I-258a

◆ 몫이 소수 두 자리 수인 (소수)÷(자연수) (1) ◆

주어진 식을 이용하여 □ 안에 알맞은 수를 써넣으시오. [1~2]

1 $352 \div 2 = 176 \Rightarrow 3.52 \div 2 = \boxed{}$

2 $1533 \div 7 = 219 \Rightarrow 15.33 \div 7 = \boxed{}$

보기 와 같이 계산하시오. [3~5]

보기

$$9.36 \div 3 = \frac{936}{100} \div 3 = \frac{\overset{312}{\cancel{936}}}{100 \times \underset{1}{\cancel{3}}} = \frac{312}{100} = 3.12$$

3 $6.16 \div 4 =$

4 $17.91 \div 9 =$

5 $82.55 \div 13 =$

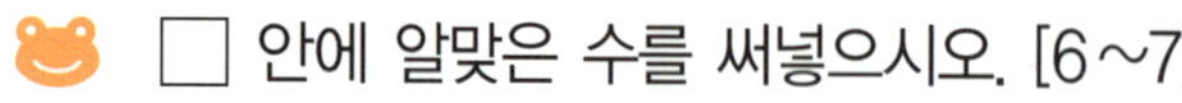
□ 안에 알맞은 수를 써넣으시오. [6～7]

6

$4\,)\,\overline{9.4\,8}$

7

$21\,)\,\overline{2\,6.2\,5}$

다음을 계산하시오. [8～13]

8 $7.68 \div 3$

9 $58.45 \div 5$

10 $73.76 \div 8$

11 $137.83 \div 11$

12 $6\,)\,\overline{7.6\,2}$

13 $12\,)\,\overline{1\,5\,8.8\,8}$

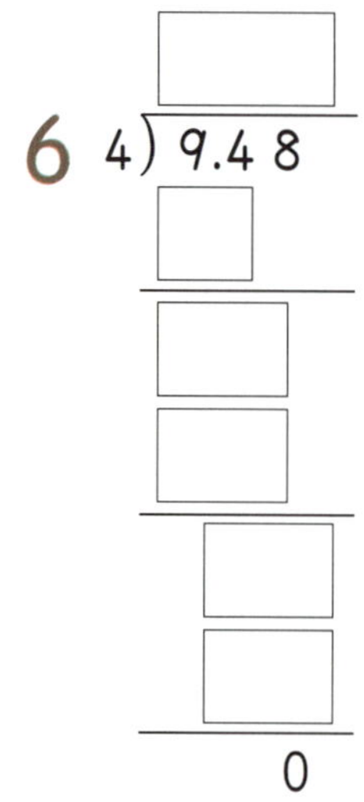

사고력 학습

◆ **몫이 소수 두 자리 수인 (소수)÷(자연수)(2)** ◆

1 빈칸에 알맞은 수를 써넣으시오.

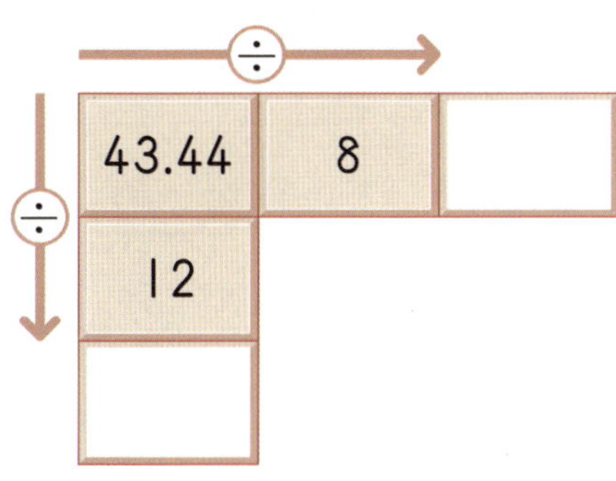

2 몫이 작은 것부터 차례로 기호를 쓰시오.

㉠ 9.94÷7 ㉡ 108.42÷13
㉢ 56.05÷5 ㉣ 17.28÷6

[답]

3 □ 안에 들어갈 수를 구하시오.

□ × 23 = 373.06

[답]

4 그림과 같이 넓이가 47.44cm²인 직사각형을 8등분하였습니다. 색칠한 부분의 넓이는 몇 cm²입니까?

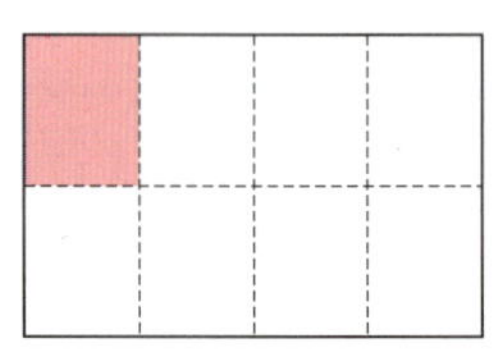

[답]

5 정사각형 모양의 꽃밭의 둘레가 19.56m입니다. 꽃밭의 한 변은 몇 m입니까?

[식]   [답]

6 똑같은 연필 한 타의 무게는 77.16g입니다. 연필 한 자루의 무게는 몇 g입니까?

[식]   [답]

7 밀가루 63.92kg을 17개의 그릇에 똑같이 나누어 담으려고 합니다. 그릇 한 개에는 밀가루 몇 kg을 담아야 합니까?

[식]   [답]

 사고력 학습

I-260a

◆ 몫의 자연수 부분이 0인 (소수)÷(자연수)(1) ◆

주어진 식을 이용하여 ☐ 안에 알맞은 수를 써넣으시오. [1~2]

1 $212 ÷ 4 = 53$ ➡ $2.12 ÷ 4 =$ ☐

2 $2673 ÷ 33 = 81$ ➡ $26.73 ÷ 33 =$ ☐

☐ 안에 알맞은 수를 써넣으시오. [3~5]

3 $2.5 ÷ 5 = \dfrac{\boxed{}}{10} ÷ 5 = \dfrac{\boxed{}}{10 × \boxed{}} = \dfrac{\boxed{}}{10} = \boxed{}$

4 $4.14 ÷ 9 = \dfrac{\boxed{}}{100} ÷ 9 = \dfrac{\boxed{}}{100 × \boxed{}} = \dfrac{\boxed{}}{100} = \boxed{}$

5 $11.22 ÷ 17 = \dfrac{\boxed{}}{100} ÷ 17 = \dfrac{\boxed{}}{100 × \boxed{}} = \dfrac{\boxed{}}{100} = \boxed{}$

🐸 ☐ 안에 알맞은 수를 써넣으시오. [6~7]

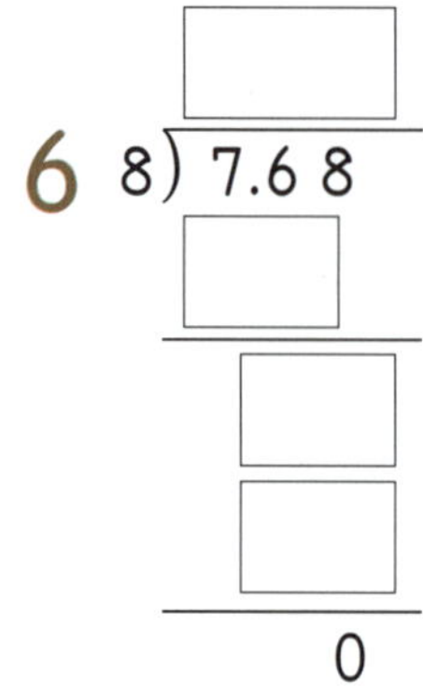

6 8) 7.6 8

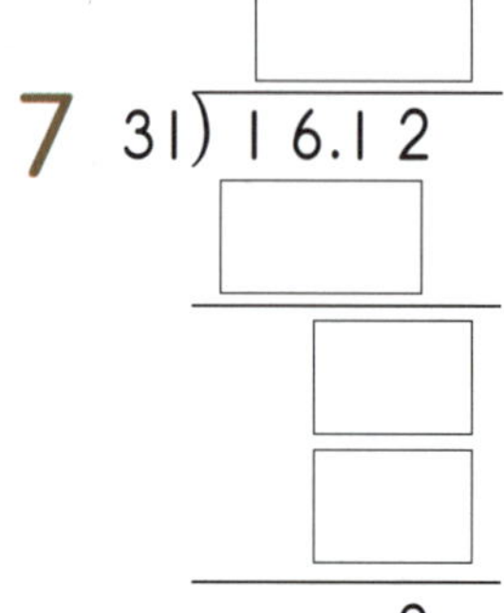

7 31) 1 6.1 2

🐸 다음을 계산하시오. [8~13]

8 4.8÷6

9 2.76÷3

10 8.85÷15

11 10.32÷24

12 7) 1.5 4

13 11) 1 0.8 9

I-261a

◆ 몫의 자연수 부분이 0인 (소수)÷(자연수) (2) ◆

1 몫이 같은 것끼리 선으로 이으시오.

(1) 1.02÷6 •

(2) 11.13÷21 •

• ㉠ 4.24÷8

• ㉡ 2.72÷16

• ㉢ 4.97÷7

2 몫의 크기를 비교하여 ○ 안에 >, =, <를 알맞게 써넣으시오.

$$20.64 \div 24 \bigcirc 23.87 \div 31$$

3 계산이 틀린 곳을 찾아 바르게 고쳐 보시오.

```
        7.4
  19)1 4.0 6
     1 3 3
        7 6
        7 6
          0
```
→
```
  19)1 4.0 6
```

사고력 학습

4 ㉠＋㉡을 구하시오.

㉠ 2.32÷8　　　㉡ 9.94÷14

[답]

5 어떤 수의 6배는 5.52입니다. 어떤 수를 구하시오.

[답]

6 15일에 12.75분씩 빨라지는 시계가 있습니다. 이 시계가 매일 같은 빠르기로 빨라진다면 하루에 몇 분씩 빨라지는 것입니까?

[식]　　　　　　　　　　　　　[답]

7 무게가 같은 고구마 13봉지가 9.62kg입니다. 고구마 한 봉지의 무게는 몇 kg입니까?

[식]　　　　　　　　　　　　　[답]

 사고력 학습

✿ 이름 :

✿ 날짜 :

✿ 시간 :　　시　　분 ～　　시　　분

확인

◆ **소수 끝자리 아래 0을 내려 계산하는 (소수)÷(자연수)(1)** ◆

보기 와 같이 계산하시오. [1~2]

보기

$$4.7 \div 2 = \frac{47}{10} \div 2 = \frac{470}{100} \div 2 = \frac{470}{100 \times 2} = \frac{235}{100} = 2.35$$

1 $7.8 \div 4 =$

2 $69.3 \div 18 =$

나머지가 0이 될 때까지 나눗셈을 하시오. [3~4]

3
```
        2.9
    5) 1 4.8
       1 0
         4 8
         4 5
           3
```

4
```
         7.1
    22) 1 5 7.3
        1 5 4
            3 3
            2 2
            1 1
```

사고력 학습

 다음을 계산하시오. [5~14]

5 $4.6 \div 4$

6 $11.1 \div 6$

7 $17.2 \div 8$

8 $20.7 \div 15$

9 $94.8 \div 24$

10 $187.2 \div 32$

11 $5 \overline{)5.7}$

12 $8 \overline{)26.8}$

13 $12 \overline{)34.2}$

14 $54 \overline{)440.1}$

❀ 이름 :
❀ 날짜 :
❀ 시간 :　　시　　분 ~ 　시　　분

◆ 소수 끝자리 아래 0을 내려 계산하는 (소수)÷(자연수)(2) ◆

1 □ 안에 알맞은 수를 써넣으시오.

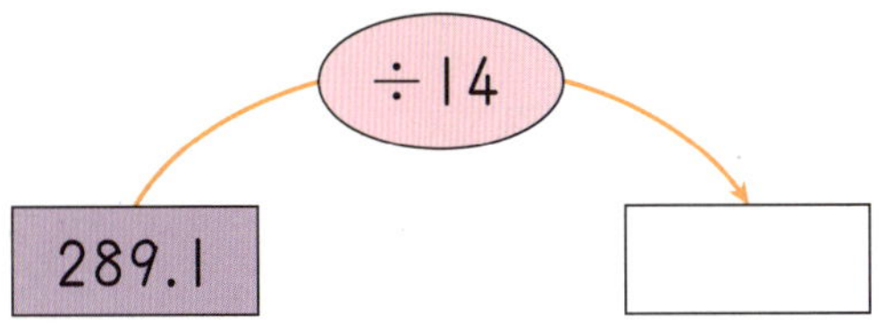

2 몫이 큰 것부터 차례로 기호를 쓰시오.

> ㉠ $225.9 \div 18$　　　　㉡ $38.2 \div 4$
>
> ㉢ $824.6 \div 35$　　　　㉣ $917.7 \div 42$

[답]

3 도형을 똑같이 몇 등분한 것입니다. 주어진 전체 도형의 넓이를 이용하여 색칠된 부분의 넓이를 구하시오.

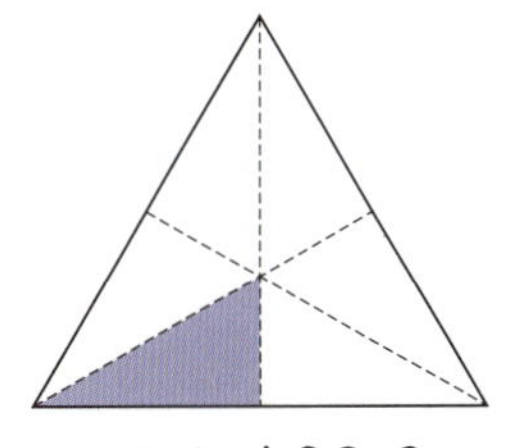

전체 넓이: 132.9cm^2

[답]

4 172.7을 어떤 수로 나누었더니 몫이 5가 되고 나머지가 없었습니다. 어떤 수는 얼마입니까?

[답] ______________________

5 다음 평행사변형의 넓이는 606.2cm²입니다. 이 평행사변형의 높이는 몇 cm입니까?

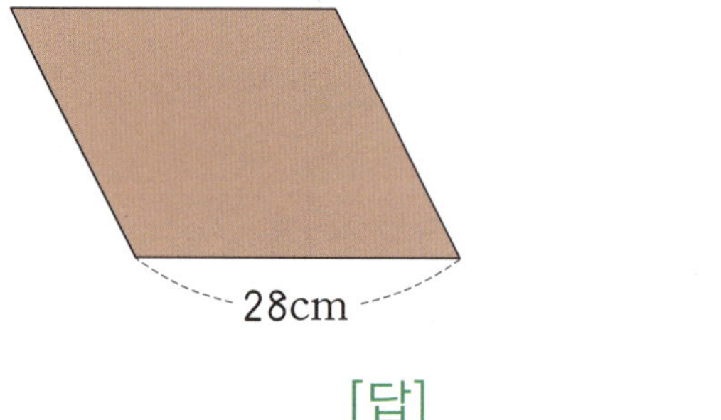

[답] ______________________

6 떡 766.8g을 접시 8개에 똑같이 나누어 담으려고 합니다. 접시 한 개에 떡 몇 g을 담아야 합니까?

[식] ______________________   [답] ______________________

7 길이가 110.2cm인 철사로 가장 큰 정사각형을 만들었습니다. 이 정사각형의 한 변은 몇 cm입니까?

[식] ______________________   [답] ______________________

✿ 이름 :

✿ 날짜 :

✿ 시간 :   시   분 ~   시   분

확인

◆ 몫의 소수 첫째 자리에 0이 있는 (소수)÷(자연수)(1) ◆

□ 안에 알맞은 수를 써넣으시오. [1~2]

1 $45.9 \div 15 = \dfrac{\boxed{}}{10} \div 15 = \dfrac{\boxed{}}{100} \div 15 = \dfrac{\boxed{}}{100 \times \boxed{}}$

$= \dfrac{\boxed{}}{100} = \boxed{}$

2 $225.6 \div 32 = \dfrac{\boxed{}}{10} \div 32 = \dfrac{\boxed{}}{100} \div 32 = \dfrac{\boxed{}}{100 \times \boxed{}}$

$= \dfrac{\boxed{}}{100} = \boxed{}$

□ 안에 알맞은 수를 써넣으시오. [3~4]

3 $4 \overline{)\, 3\,6.2}$

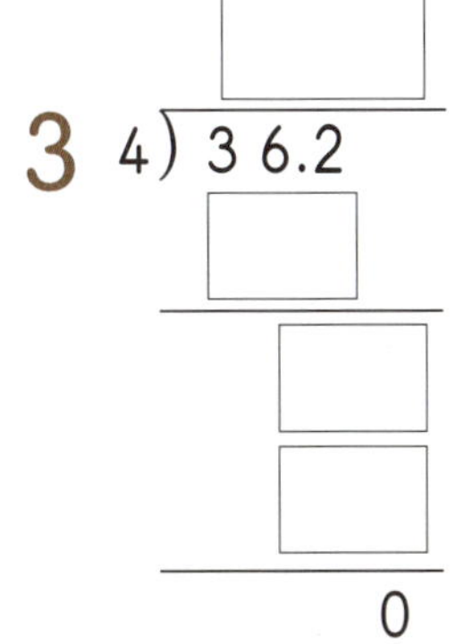

4 $47 \overline{)\, 1\,4\,3.3\,5}$

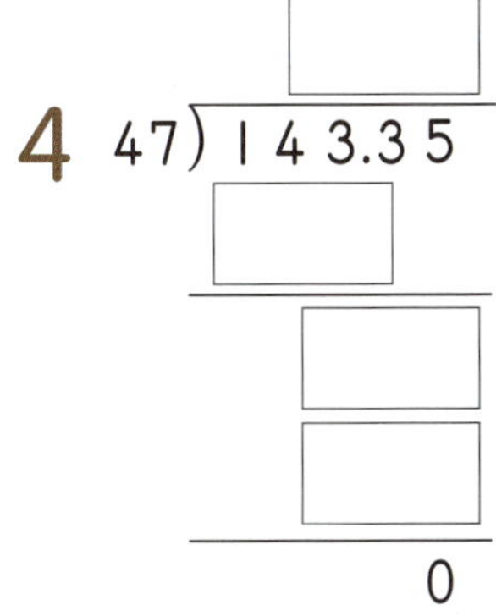

I-264b

5 $45.4 \div 5$

6 $9.27 \div 9$

7 $14.28 \div 7$

8 $80.8 \div 16$

9 $229.9 \div 38$

10 $364.35 \div 7$

11 $9 \overline{)\ 1\ 8.5\ 4}$

12 $12 \overline{)\ 4\ 8.6}$

13 $34 \overline{)\ 1\ 0\ 3.7}$

14 $23 \overline{)\ 2\ 5\ 5.0\ 7}$

◆ **이름 :**

◆ **날짜 :**

◆ **시간 :** 시 분 ~ 시 분

확인

◆ **몫의 소수 첫째 자리에 0이 있는 (소수)÷(자연수) (2)** ◆

1 빈칸에 알맞은 수를 써넣으시오.

÷

2.12	25.2	189.63
2	5	9

2 몫의 크기를 비교하여 ○ 안에 >, =, <를 알맞게 써넣으시오.

$$64.48 \div 31 \ \bigcirc \ 39.52 \div 19$$

3 ㉠－㉡을 구하시오.

㉠ $20.24 \div 4$ ㉡ $39.52 \div 13$

[답]

사고력 학습

4 몫의 소수 첫째 자리 숫자가 0인 나눗셈을 찾아 기호를 쓰시오.

> ㉠ 6.81÷3 ㉡ 12.16÷8
> ㉢ 48.84÷12 ㉣ 189.07÷37

[답]

5 □ 안에 들어갈 수 있는 자연수를 모두 구하시오.

> 56.16÷8<□<154.98÷14

[답]

6 휘발유 7L로 91.49km를 달리는 자동차가 있습니다. 이 자동차는 휘발유 1L로 몇 km를 달릴 수 있습니까?

[식]　　　　　　　　　　　　　　　　[답]

7 유희는 15일 동안 매일 같은 양의 물을 마셨습니다. 15일 동안 16.35L의 물을 마셨다면 하루에 몇 L를 마셨습니까?

[식]　　　　　　　　　　　　　　　　[답]

사고력 학습

 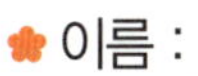

✿ 이름 :
✿ 날짜 :
✿ 시간 :　시　분 ～　시　분

확인

◆ (자연수)÷(자연수)(1) ◆

□ 안에 알맞은 수를 써넣으시오. [1~2]

1 $7 \div 4 = \dfrac{\boxed{}}{100} \div 4 = \dfrac{\boxed{}}{100 \times \boxed{}} = \dfrac{\boxed{}}{100} = \boxed{}$

2 $42 \div 50 = \dfrac{\boxed{}}{100} \div 50 = \dfrac{\boxed{}}{100 \times \boxed{}} = \dfrac{\boxed{}}{100} = \boxed{}$

다음을 계산하시오. [3~6]

3 $4\overline{)9}$

4 $6\overline{)15}$

5 $25\overline{)22}$

6 $12\overline{)90}$

 몫을 반올림하여 소수 첫째 자리까지 나타내시오. [7~10]

7 $9 \div 7$

8 $22 \div 6$

9 $11 \div 15$

10 $52 \div 18$

분수를 소수로 나타낼 때, 반올림하여 소수 둘째 자리까지 나타내시오. [11~14]

11 $\dfrac{6}{7}$

12 $\dfrac{9}{13}$

13 $\dfrac{14}{27}$

14 $\dfrac{49}{66}$

사고력 학습

◆ (자연수)÷(자연수)(2) ◆

1 관계있는 것끼리 선으로 이으시오.

(1) $13 \div 20$ •

(2) $19 \div 25$ •

• ㉠ 0.76

• ㉡ 0.65

• ㉢ 0.54

2 $74 \div 25$의 몫을 나누어떨어질 때까지 구하려면 나눠지는 수의 소수점 아래 0을 몇 번 내려서 계산해야 합니까?

[답] ___________________

3 나누어떨어지지 않아서 간단한 소수로 나타낼 수 없는 나눗셈을 찾아 기호를 쓰시오.

㉠ $15 \div 8$　　　㉡ $6 \div 25$

㉢ $33 \div 50$　　　㉣ $8 \div 3$

[답] ___________________

사고력 학습

4 □ 안에 들어갈 수 있는 소수 한 자리 수는 모두 몇 개입니까?

$$\frac{11}{24} < □ < \frac{7}{9}$$

[답]

5 어떤 수에 36을 곱했더니 1548이 되었습니다. 어떤 수를 11로 나누었을 때의 몫을 반올림하여 소수 둘째 자리까지 나타내시오.

[답]

6 물 65L를 8개의 그릇에 똑같이 나누어 담으려고 합니다. 한 개의 그릇에 물을 몇 L씩 담으면 됩니까?

[식] [답]

7 일정한 빠르기로 12분 동안 9.2km를 가는 버스가 있습니다. 이 버스가 1분 동안 몇 km를 가는지 반올림하여 소수 첫째 자리까지 나타내시오.

[답]

 사고력 학습

I-268a

 창의력 학습

철훈이의 아버지께서는 시골에 다녀오시면서 할아버지께서 주신 햅쌀 두 가마를 가져오셨습니다. 한 가마는 73.4kg이고 다른 한 가마는 80.2kg입니다. 이것을 철훈이네 집과 외삼촌, 이모네 집이 똑같이 나누어 먹는다면 철훈이네 집은 몇 kg 을 먹을 수 있습니까?

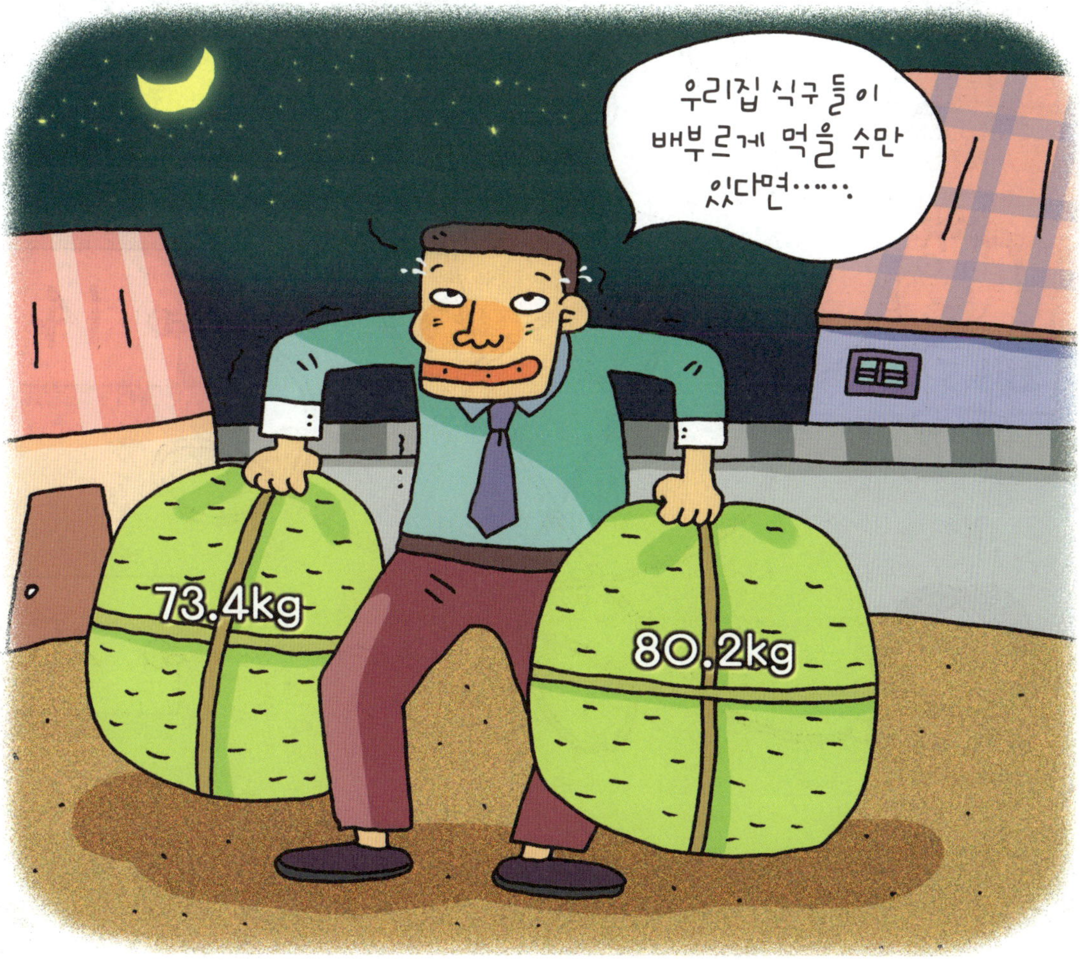

[답]

희원, 형준, 은정이는 각각 가지고 있는 수를 선을 따라가서 만나는 수로 나누려고 합니다. 나눗셈의 몫이 가장 큰 사람은 누구입니까?

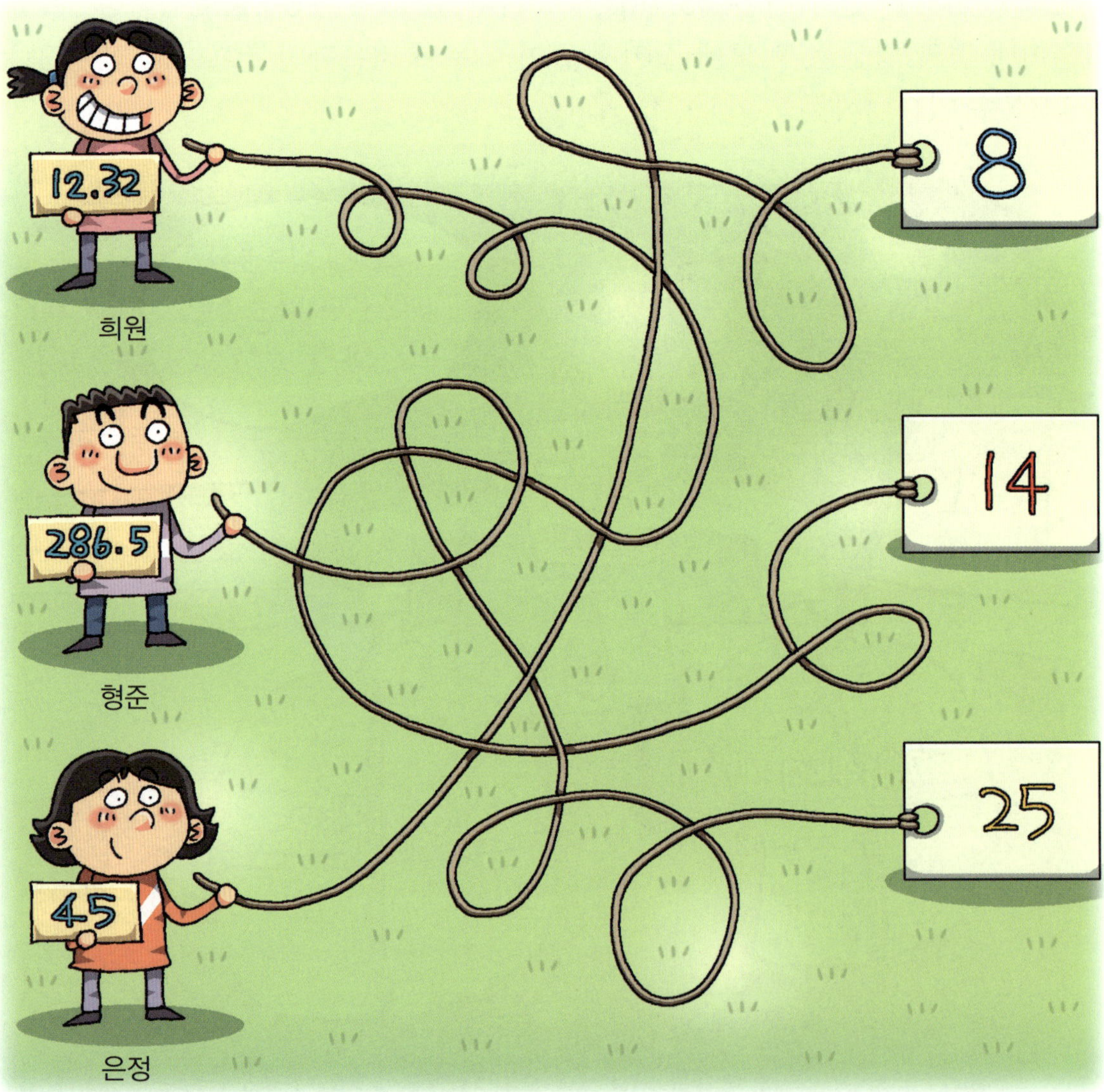

[답] ________________________

1-269a

✚ 경시대회 예상문제

1 다음 마름모와 넓이가 같은 평행사변형이 있습니다. 평행사변형의 높이가 9cm이면 밑변의 길이는 몇 cm입니까?

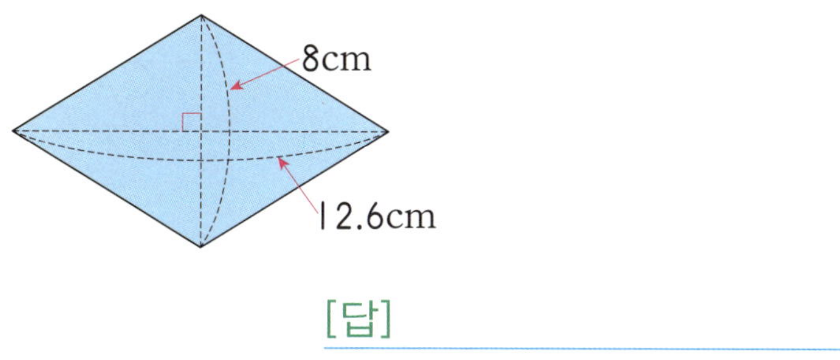

[답]

2 어떤 수를 21로 나누어야 할 것을 잘못하여 12로 나누었더니 몫이 0.7이 되고 나머지가 없었습니다. 바르게 계산한 값을 구하시오.

[답]

3 9.7보다 큰 어떤 소수를 4로 나누었더니 소수 둘째 자리에서 나누어떨어졌습니다. 어떤 소수 중에서 가장 작은 소수는 얼마입니까?

[답]

4 다음 그림은 넓이가 $51.84cm^2$인 정사각형을 4등분한 것입니다. 색칠된 도형의 둘레는 몇 cm입니까?

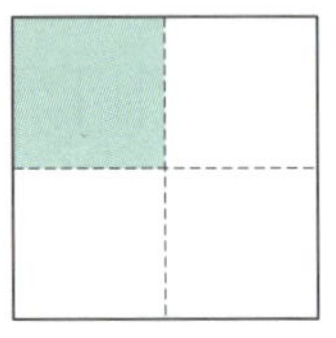

[답]

5 □ 안에 들어갈 수 있는 자연수를 모두 구하는 과정을 쓰고 답을 구하시오.

$$8.28 \div 9 < \square < 74.7 \div 18$$

[답]

6 2주일에 17.5분씩 느려지는 시계가 있습니다. 이 시계가 매일 같은 빠르기로 느려진다면 하루에 몇 분씩 느려지는 것입니까?

[답]

7 2.73km인 산책로 한 쪽에 같은 간격으로 40개의 가로등을 설치하였습니다. 산책로의 처음과 끝에 모두 가로등을 설치하였다면 가로등과 가로등 사이의 거리는 몇 km입니까?

[답]

8 163÷37을 계산하여 몫을 소수로 나타내려고 합니다. 소수점 아래 65번째 자리 숫자는 얼마입니까?

[답]

9 삼각형에서 ㉠은 몇 cm입니까?

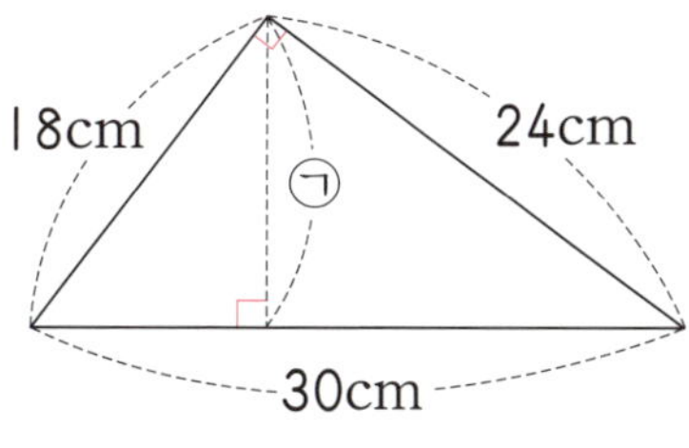

[답]

10 다음 4장의 숫자 카드를 모두 한 번씩만 사용하여 몫이 가장 작게 되는 나눗셈식을 만들고 나눗셈의 몫을 반올림하여 소수 둘째 자리까지 나타내시오.

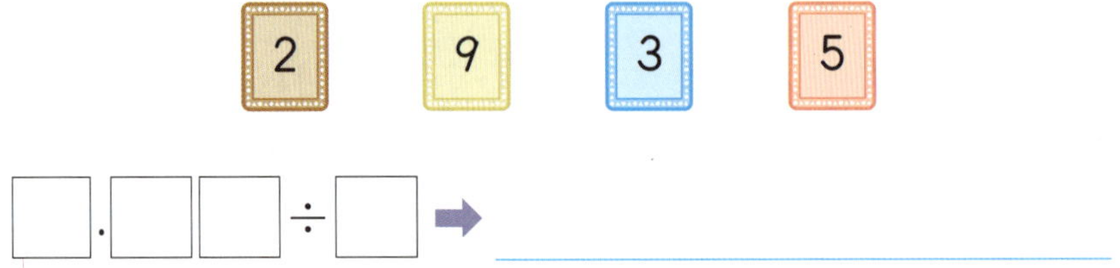

11 분모가 12인 가분수의 분자를 분모로 나누었더니 몫이 3, 나머지가 11이었습니다. 이 분수를 소수로 나타낼 때, 반올림하여 소수 둘째 자리까지 나타내시오.

[답]

서술형·논술형

12 자동차는 일정한 빠르기로 5km의 거리를 4분 동안에 가고, 기차는 일정한 빠르기로 6.4km의 거리를 5분 동안에 갑니다. 자동차와 기차가 동시에 같은 곳에서 출발한다면, 1분 후에는 어느 것이 몇 km 더 멀리 가겠는지 풀이 과정을 쓰고 답을 구하시오.

[답]

 경시대회 예상문제

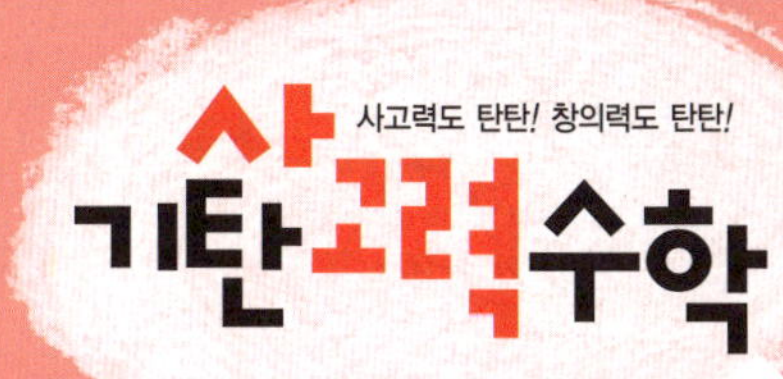

학습 관리표

학습 내용		이번 주는?
자료의 표현과 해석	· 줄기와 잎 그림 · 그림그래프 · 평균 · 자료를 그래프로 나타내고 설명하기 · 창의력 학습 · 경시대회 예상문제	• 학습 방법 : ① 매일매일　② 가끔　③ 한꺼번에 　하였습니다. • 학습 태도 : ① 스스로 잘　② 시켜서 억지로 　하였습니다. • 학습 흥미 : ① 재미있게　② 싫증내며 　하였습니다. • 교재 내용 : ① 적합하다고　② 어렵다고　③ 쉽다고 　하였습니다.

지도 교사가 부모님께	부모님이 지도 교사께

평가	Ⓐ 아주 잘함	Ⓑ 잘함	Ⓒ 보통	Ⓓ 부족함

원(교)　　　　　반　이름　　　　　전화

www.gitan.co.kr / (02)586-1007(대)

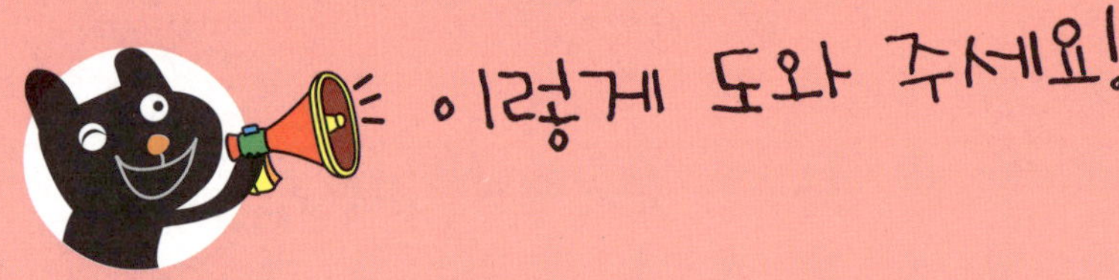

● 학습 목표
- 줄기와 잎 그림을 이해하고 그릴 수 있습니다.
- 그림그래프의 특징을 이해하고 여러 가지 통계적인 사실을 알 수 있습니다.
- 평균의 뜻을 이해하고 평균을 구할 수 있습니다.
- 평균이 이용되는 여러 가지 문제를 해결할 수 있습니다.
- 자료를 특성에 따라 알맞은 그래프로 나타내거나 그래프를 보고 자료의 특성을 해석할 수 있습니다.

● 지도 내용
- 줄기와 잎 그림을 이해하고 그리는 순서를 알고 그릴 수 있게 합니다.
- 줄기와 잎 그림의 통계적 사실을 알게 합니다.
- 그림그래프를 이해하고 표에 맞게 그림그래프를 그릴 수 있게 합니다.
- 그림그래프를 보고 여러 가지 통계적 사실을 알게 합니다.
- 평균의 뜻을 이해하고 주어진 자료에서 평균을 구하게 합니다.
- 주어진 자료의 특징에 맞게 알맞은 그래프로 나타낼 수 있게 합니다.
- 목적에 맞게 자료를 수집하고 정리하여 나타낸 그래프를 보고 자료의 특성을 설명할 수 있게 합니다.

● 지도 요점
이 단원에서는 이미 학습한 통계의 개념을 바탕으로 자료를 효율적으로 정리하고 이해하기 위해 줄기와 잎 그림의 특징을 알아보고, 이에 대한 이해를 통하여 줄기와 잎 그림을 그려 자료를 직관적으로 판단할 수 있도록 합니다. 그리고 제시된 자료를 통하여 평균의 개념을 이해하고, 이를 통해 집단의 특성과 의미를 해석하여 실생활에 활용할 수 있도록 하며, 제시된 자료의 특징에 맞는 그림그래프를 통해 한눈에 직관적으로 알아보고 그 의미를 쉽게 알아볼 수 있도록 합니다.

✿ 이름 :

✿ 날짜 :

✿ 시간 :　시　분 ~　시　분

확인 

◆ 줄기와 잎 그림(1) ◆

오른쪽과 같이 줄기와 잎을 이용하여 자료를 나타낸 그림을 줄기와 잎 그림 이라고 합니다. 이때 세로 선의 왼쪽 에 있는 수를 줄기, 오른쪽에 있는 수 를 잎이라고 합니다.

현수네 반 학생들이 가진 구슬 수
(1 | 4는 14개)

줄기	잎
1	4 9 0 0 2
2	0 7 9 5 2 1
3	9 8 0 1 0

오른쪽은 모임에 참가한 사람들의 나이를 조사하 여 나타낸 줄기와 잎 그림입니다. 물음에 답하시 오. [1~4]

모임에 참가한 사람들의 나이
(2 | 7은 27세)

줄기	잎
2	7 7 4 0
3	2 2 9 1 1 8
4	9 8 0 4
5	0 2 0

1 줄기를 모두 찾아 쓰시오.

[답]

2 줄기가 4인 잎을 모두 찾아 쓰시오.

[답]

3 잎이 가장 많은 줄기는 무엇입니까?

[답]

4 나이가 가장 많은 사람은 몇 세입니까?

[답]

사고력 학습

🐸 희준이네 반 학생들의 공던지기 기록을 조사하여 나타낸 것입니다. 물음에 답하시오. [5~7]

공던지기 기록   (단위: m)

24	36	40	12	19	30	29	35	40
20	32	25	42	35	41	17	42	18
40	33	26	35	30	11	32	20	41

5 조사하여 나타낸 것을 보고 줄기와 잎 그림으로 나타낼 때, 무엇을 각각 줄기와 잎으로 나타내면 좋겠는지 차례로 쓰시오.

[답] ________________________

6 희준이네 반 학생들의 공던지기 기록을 보고 표를 완성하시오.

공던지기 기록   (단위: m)

구간	10~19	20~29	30~39	40~49
공던지기 기록	12, 19, 17, 18, 11			

7 6번의 표를 보고 줄기와 잎 그림을 완성하시오.

공던지기 기록   (2 | 4는 24m)

줄기	잎
1	2 9 7 8 1
2	
3	
4	

✿ 이름 :

✿ 날짜 :

✿ 시간 :　　시　　분 ～ 　시　　분

확인

◆ 줄기와 잎 그림(2) ◆

🐸 유리네 반 학생들의 몸무게를 조사하여 나타낸 줄기와 잎 그림입니다. 물음에 답하시오. [1~4]

몸무게　　　　　　　　(2 | 9는 29kg)

줄기	잎						
2	9	7	9	8			
3	0	5	9	9	7	9	7
4	1	0	6	3	8	1	
5	1	5	3				

1 몸무게가 39kg인 학생은 몇 명입니까?

[답]

2 줄기가 4인 학생은 몇 명입니까?

[답]

3 가장 가벼운 학생은 몇 kg입니까?

[답]

4 가장 무거운 학생은 몇 kg입니까?

[답]

사고력 학습

5 줄기와 잎 그림을 그리는 순서대로 ☐ 안에 알맞은 기호를 써넣으시오.

> ㉠ ☐ | △ 를 설명합니다.
> ㉡ 줄기와 잎 그림에 알맞은 제목을 붙입니다.
> ㉢ 세로 선의 오른쪽에 잎의 숫자를 씁니다.
> ㉣ 줄기와 잎을 정합니다.
> ㉤ 세로 선을 긋고, 세로 선의 왼쪽에 줄기의 숫자를 씁니다.

☐ , ☐ , ☐ , ㉠, ㉡

6 진우네 반 학생들의 국어 점수를 조사하여 나타낸 것을 보고 줄기와 잎 그림으로 나타내시오.

국어 점수   (단위: 점)

82	62	55	95	88	69	70
80	94	60	90	50	86	81
77	64	66	59	70	74	85

국어 점수   (8 | 2는 82점)

줄기	잎
5	
6	
7	
8	
9	

◆ 줄기와 잎 그림(3) ◆

성원이네 반 학생들의 제기차기 횟수를 조사하여 나타낸 줄기와 잎 그림입니다. 물음에 답하시오. [1~3]

제기차기 횟수   (1 | 5는 15회)

줄기	잎					
1	5	0	0			
2	2	9	0	4	3	3
3	4	9	0	2	2	
4	4	1	5			

1 성원이는 제기차기를 반에서 5번째로 많이 했습니다. 성원이의 제기차기 횟수는 몇 회입니까?

[답]

2 제기차기 횟수가 24회 이상 32회 이하인 학생은 모두 몇 명입니까?

[답]

3 제기차기를 가장 많이 한 학생과 가장 적게 한 학생의 제기차기 횟수의 차는 몇 회입니까?

[답]

🐸 수형이네 반 학생들의 키를 조사하여 나타낸 것입니다. 물음에 답하시오. [4~6]

학생들의 키 (단위: cm)

139	137	148	159	144	129	150	124	149	131
140	146	137	127	146	135	153	154	140	151

4 수형이네 반 학생들의 키를 보고 줄기와 잎 그림으로 나타내시오.

학생들의 키　(13 | 9는 139cm)

줄기	잎
12	
13	
14	
15	

5 수형이의 키는 153cm입니다. 수형이는 반에서 키가 큰 편입니까? 작은 편입니까?

[답]

6 키가 가장 큰 학생과 가장 작은 학생의 차는 몇 cm입니까?

[답]

사고력 학습

◆ 그림그래프(1) ◆

조사한 수를 그림으로 나타낸 그래프를 그림그래프라고 합니다.

🐸 진수네 반 학급 문고에 있는 책의 수를 나타낸 그림그래프입니다. 물음에 답하시오.
[1~2]

책의 종류별 책의 수

책의 종류	책의 수
동화책	책책책책책 책
소설책	책책책 책책책책책책책
시집	책책책 책책책
기타	책 책책

책 : 10권,　책 : 1권

1 소설책은 몇 권입니까?

[답]

2 가장 많은 책은 무엇입니까?

[답]

마을별 가구 수를 조사하여 나타낸 표입니다. 물음에 답하시오. [3~5]

마을별 가구 수
(단위: 가구)

마을	가	나	다	라
가구 수	2400	1800	3200	5100

3 표를 보고 그림그래프를 완성하시오.

마을별 가구 수

마을	가구 수	마을	가구 수
가		다	
나		라	

: 1000가구, : 100가구

4 가구 수가 가장 적은 마을은 어디입니까?

[답]

5 가구 수가 가장 많은 마을은 어디입니까?

[답]

 사고력 학습

◆ **이름 :**
◆ **날짜 :**
◆ **시간 :** 시 분 ~ 시 분

확인

◆ **그림그래프(2)** ◆

마을별 고구마 생산량을 나타낸 그림그래프입니다. 물음에 답하시오. [1~3]

마을별 고구마 생산량

마을	고구마 생산량	마을	고구마 생산량
가		다	
나		라	

: 100000kg, : 10000kg

1 고구마 생산량이 가장 많은 마을과 가장 적은 마을을 차례로 쓰시오.

[답]

2 고구마 생산량이 가장 많은 마을과 가장 적은 마을의 생산량의 차는 몇 kg입니까?

[답]

3 네 마을의 고구마 생산량은 모두 몇 kg입니까?

[답]

사고력 학습

🐸 수영이네 집의 월별 주유비를 나타낸 표입니다. 물음에 답하시오. [4~6]

월별 주유비 (단위: 원)

월	1	2	3	4	5	6
금액	180000	160000	200000	220000	240000	260000

4 표를 보고 그림그래프를 완성하시오.

월별 주유비

월	주유비	월	주유비	월	주유비
1월		3월		5월	
2월		4월		6월	

: 100000원, : 10000원

5 주유비가 가장 많은 달과 가장 적은 달을 차례로 쓰시오.

[답]

6 주유비가 가장 많은 달과 가장 적은 달의 사용 금액의 차는 얼마입니까?

[답]

사고력 학습

이름 :

날짜 :

시간 :　시　분 ~　시　분

확인

◆ 그림그래프(3) ◆

2010년 도별 배 수확량을 반올림하여 천 톤의 자리까지 나타낸 그림그래프입니다. 물음에 답하시오. [1~2]

도별 배 수확량

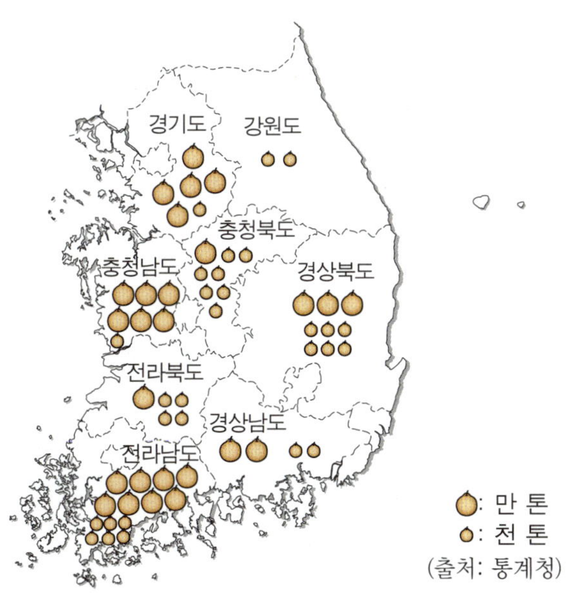

1 경상도에서 수확한 배는 모두 몇 톤입니까?

[답]

2 그림그래프에 대한 설명으로 틀린 것을 찾아 기호를 쓰시오.

> ㉠ 배 수확량이 가장 많은 도와 가장 적은 도의 차는 84000톤입니다.
> ㉡ 배 수확량이 두 번째로 적은 도는 충청북도입니다.
> ㉢ 충청남도의 배 수확량은 61000톤입니다.

[답]

🐸 어느 컴퓨터 회사의 연도별 컴퓨터 판매액을 조사한 표와 그림그래프입니다. 물음에 답하시오. [3~4]

연도별 컴퓨터 판매액

(단위: 억 원)

연도(년)	2007	2008	2009	2010	2011
판매액	25		37		45

연도별 컴퓨터 판매액

연도(년)	판매액
2007	
2008	ⓦ ⓦ ⓦ ⓦ ⓦ ⓦ ⓦ ⓦ ⓦ ⓦ
2009	
2010	ⓦ ⓦ ⓦ ⓦ ⓦ
2011	

ⓦ : 10억, ⓦ : 1억

3 표와 그림그래프를 완성하시오.

4 앞으로 컴퓨터 판매액은 어떻게 변하겠습니까?

[답]

✿ 이름 :

✿ 날짜 :

✿ 시간 :　시　　분 ～　시　　분

확인

◆ **평균(1)** ◆

> 주어진 자료에서 전체를 더한 합계를 자료의 개수로 나눈 값을 평균이라고 합니다.

🐸 영국이네 학교 5학년 반별 학생 수를 조사하여 나타낸 표입니다. 물음에 답하시오.
[1~3]

5학년 반별 학생 수

반	1	2	3	4	5	6
학생 수(명)	29	33	32	28	30	28

1 학생 수를 모두 더하면 몇 명입니까?

[답]

2 5학년은 반이 모두 몇 반입니까?

[답]

3 5학년 반별 학생 수는 평균 몇 명입니까?

[답]

사고력 학습

🐸 어느 주차장에 주차된 자동차 수를 요일별로 조사하여 나타낸 표입니다. 물음에 답하시오. [4~6]

주차장에 주차된 자동차 수

요일	월	화	수	목	금	토	일
자동차 수(대)	65	49	70	55	72	64	80

4 일주일 동안 주차된 자동차 수는 모두 몇 대입니까?

[답] ____________________

5 조사한 날은 모두 며칠입니까?

[답] ____________________

6 주차장에 주차된 자동차 수는 하루 평균 몇 대입니까?

[답] ____________________

 사고력 학습

✿ 이름 :

✿ 날짜 :

✿ 시간 :　시　분 ~　시　분

확인

◆ **평균(2)** ◆

🐸 은희의 과목별 성적을 나타낸 표입니다. 물음에 답하시오. [1~4]

은희의 성적

과목	국어	영어	수학	음악	미술	체육
점수(점)	87	90	94	71	68	82

1 은희의 6과목의 평균 점수는 몇 점입니까?

[답]

2 점수가 평균 점수와 같은 과목은 무엇입니까?

[답]

3 점수가 평균 점수보다 낮은 과목은 모두 몇 개입니까?

[답]

4 은희의 국어 점수는 평균보다 높은 편입니까? 낮은 편입니까?

[답]

사고력 학습

영주네 모둠 학생들의 몸무게를 조사하여 나타낸 표입니다. 물음에 답하시오.

[5～8]

영주네 모둠 학생들의 몸무게

이름	영주	진오	경주	진수	범수
몸무게(kg)	35.5	40.2	36.0	38.5	42.3

5 영주네 모둠 학생들의 평균 몸무게는 몇 kg입니까?

[답]

6 몸무게가 평균 몸무게와 같은 학생은 누구입니까?

[답]

7 몸무게가 평균 몸무게보다 무거운 학생은 누구누구입니까?

[답]

8 학생 한 명이 전학을 와서 영주네 모둠이 되었습니다. 영주네 모둠 학생들의 평균 몸무게가 0.3kg 늘었다면 전학 온 학생의 몸무게는 몇 kg입니까?

[답]

사고력 학습

◆ 평균(3) ◆

수영 동아리와 축구 동아리의 월별 회원 가입자 수를 조사하여 나타낸 표입니다. 물음에 답하시오. [1~3]

가입자 수   (단위: 명)

동아리 \ 월	1	2	3	4
수영 동아리	104	120		127
축구 동아리	94	112	130	100

1 축구 동아리의 1월부터 4월까지 월 평균 가입자 수는 몇 명입니까?

[답]

2 수영 동아리의 월 평균 가입자 수가 축구 동아리의 월 평균 가입자 수보다 2명 더 많았다면, 수영 동아리의 3월 가입자 수는 몇 명입니까?

[답]

3 축구 동아리의 2월 가입자 수는 축구 동아리의 월 평균 가입자 수보다 많은 편입니까? 적은 편입니까?

[답]

사고력 학습

4 주희와 영서의 50m 달리기 기록을 조사하여 나타낸 표입니다. 누가 50m 달리기의 평균 기록이 더 빠릅니까?

50m 달리기 기록   (단위: 초)

이름 \ 차수	1	2	3	4	5	6
주희	11.3	10.7	12.1	9.1	9.2	8.8
영서	10.4	11.1	12.2	9.5	9.1	8.3

[답]

5 영훈이는 6300원짜리 장난감을 사기 위해 일주일 동안 용돈을 모으려고 합니다. 하루에 평균 얼마씩 모아야 합니까?

[답]

6 우정이네 가족 중 아빠, 엄마, 오빠의 평균 나이는 36살입니다. 우정이가 12살이면 우정이네 가족 네 사람의 평균 나이는 몇 살입니까?

[답]

 사고력 학습

* 이름 :
* 날짜 :
* 시간 :　시　분 ~　시　분

확인

◆ 자료를 그래프로 나타내고 설명하기 (1) ◆

성희네 모둠과 준수네 모둠의 학생들이 가지고 있는 구슬 수를 조사하여 나타낸 표입니다. 물음에 답하시오. [1~3]

성희네 모둠의 구슬 수

이름	구슬 수(개)
성희	12
형우	19
지선	30
예은	18
미주	22
주리	31

준수네 모둠의 구슬 수

이름	구슬 수(개)
준수	24
유진	31
우석	32
동민	18
재범	20
은희	19

1 성희네 모둠과 준수네 모둠의 학생들이 가지고 있는 구슬 수를 줄기와 잎 그림으로 나타내시오.

구슬 수　　　　(1 | 2는 12개)

잎(성희네 모둠)	줄기	잎(준수네 모둠)
2	1	
	2	4
	3	

2 1에 나타낸 줄기와 잎 그림의 같은 줄기의 잎 부분에서 같은 숫자를 지우시오.

3 어느 모둠의 평균 구슬 수가 더 많습니까?

[답]

사고력 학습

🐸 회사별 신발 생산량을 조사하여 나타낸 표입니다. 물음에 답하시오. [4~7]

회사별 신발 생산량 (단위: 켤레)

회사	가	나	다
생산량	61407	51697	70283

4 가 회사의 신발 생산량을 반올림하여 천의 자리까지 나타내시오.

[답]

5 나 회사의 신발 생산량을 반올림하여 천의 자리까지 나타내시오.

[답]

6 다 회사의 신발 생산량을 반올림하여 천의 자리까지 나타내시오.

[답]

7 반올림하여 나타낸 수를 그림그래프로 나타내시오.

회사별 신발 생산량

회사	신발 생산량
가	
나	
다	

◎: 만 켤레, ○: 천 켤레

 사고력 학습

✿ 이름 :
✿ 날짜 :
✿ 시간 :　　시　　분 ~　　시　　분

확인

◆ **자료를 그래프로 나타내고 설명하기(2)** ◆

정미네 모둠과 서희네 모둠 학생들의 오래매달리기 기록을 조사하여 나타낸 표입니다. 물음에 답하시오. [1~3]

정미네 모둠의 오래매달리기 기록

이름	기록(초)
정미	11
지수	7
영미	15
민정	24
정란	19

서희네 모둠의 오래매달리기 기록

이름	기록(초)
서희	24
영윤	19
지영	18
미애	7
란주	28

1 정미네 모둠과 서희네 모둠 학생들의 오래매달리기 기록을 줄기와 잎 그림으로 나타내시오.

오래매달리기 기록　　　(0 | 7은 7초)

잎(정미네 모둠)	줄기	잎(서희네 모둠)
	0	
1	1	
	2	

2 정미의 오래매달리기 기록은 높은 편입니까? 낮은 편입니까?

[답]

3 어느 모둠의 오래매달리기 기록의 평균이 높습니까? 또, 두 모둠의 평균의 차이는 몇 초입니까?

[답]

🐸 2010년도 도별 인구 수를 조사하여 나타낸 표입니다. 물음에 답하시오. [4~5]

도별 인구 수 (단위: 명)

도	경기	강원	충북	충남	전북	전남	경북	경남
인구 수	11196053	1463650	1495984	2000473	1766044	1728749	2575370	3119571
반올림 한 수								

(출처: 통계청)

4 도별 인구 수를 반올림하여 십만의 자리까지 나타내시오.

5 반올림하여 나타낸 수를 보고 그림그래프로 나타내시오.

도별 인구 수

도	인구 수	도	인구 수
경기		전북	
강원		전남	
충북		경북	
충남		경남	

😊 : 백만 명, ☺ : 십만 명

 사고력 학습

◆ 자료를 그래프로 나타내고 설명하기(3) ◆

🐸 동주네 학교와 준희네 학교의 학생 수를 조사하여 나타낸 표입니다. 물음에 답하시오. [1~3]

동주네 학교의 학생 수

학년	학생 수(명)
1	223
2	207
3	219
4	203
5	225
6	228

준희네 학교의 학생 수

학년	학생 수(명)
1	201
2	228
3	215
4	222
5	223
6	207

1 동주네 학교와 준희네 학교의 학생 수를 줄기와 잎 그림으로 나타내시오.

학생 수 　　　(22 | 3은 223명)

잎(동주네 학교)	줄기	잎(준희네 학교)
	20	
	21	
	22	

2 동주는 5학년입니다. 동주네 학교에서 5학년 학생 수는 많은 편입니까? 적은 편입니까?

[답]

3 어느 학교의 평균 학생 수가 많습니까? 또, 두 학교의 평균 학생 수의 차이는 몇 명입니까?

[답]

어느 지역의 마을별 돼지 수를 조사하여 나타낸 표입니다. 물음에 답하시오. [4~6]

마을별 돼지 수
(단위: 마리)

마을	가	나	다	라	마	바
돼지 수	1352	1988	2007	3451	2936	3212

4 마을별 돼지 수를 나타낸 그림그래프의 빈 곳에 돼지 수를 나타내어 보시오.

마을별 돼지 수

마을	돼지 수	마을	돼지 수	마을	돼지 수
가		다		마	
나		라		바	

5 그림그래프에서 , 은 각각 몇 마리를 나타내는지 차례로 쓰시오.

[답]

6 그림그래프는 돼지 수를 어떻게 어림하여 나타낸 것입니까?

[답]

I-283a

 창의력 학습

은진이네 학교에서는 가을 운동회 때 윷놀이, 비석치기, 제기차기를 했습니다. 반별 성적을 조사하여 나타낸 표를 보고 물음에 답하시오.

반별 성적　　　　　　　　(단위: 점)

반 ＼ 종목	윷놀이	비석치기	제기차기
1	70	85	64
2	80	72	76
3	75	71	70

(1) 반별 평균 점수가 가장 높은 반과 가장 낮은 반의 평균의 차는 몇 점입니까?

[답]

(2) 종목별 평균 점수가 가장 높은 종목과 가장 낮은 종목의 평균의 차는 몇 점입니까?

[답]

지호네 반 학생들이 웅변 대회에 참가했습니다. 다음은 웅변 대회에 참가한 학생들의 점수를 줄기와 잎 그림으로 나타낸 것입니다. 점수가 평균 점수보다 높은 학생이 상을 받을 수 있습니다. 물음에 답하시오.

웅변 점수 (5 | 9는 59점)

줄기	잎
5	9 8
6	8 7 9 8
7	7 9 6 9 8 3 9 5
8	8 2 7 8 4 6
9	3 6 0 7

(1) 지호가 웅변 대회에서 **77**점을 받았다면 지호는 상을 받을 수 있습니까?

[답]

(2) 상을 받을 수 있는 학생은 모두 몇 명입니까?

[답]

 경시대회 예상문제

영진이네 모둠 학생들이 읽은 동화책의 쪽수를 조사하여 나타낸 것입니다. 물음에 답하시오. [1~2]

학생들이 읽은 동화책의 쪽수

74	90	85	85	88	60	94	92	64	77

1 학생들이 읽은 동화책의 쪽수를 줄기와 잎 그림으로 나타내시오.

학생들이 읽은 동화책의 쪽수　(7 | 4는 74쪽)

줄기	잎

2 영진이네 모둠 학생들이 읽은 동화책의 평균 쪽수는 몇 쪽입니까?

[답]

3 경수의 과목별 성적을 나타낸 표입니다. 경수가 5과목 평균 90점을 받으려면 음악은 몇 점을 받아야 합니까?

경수의 성적

과목	국어	수학	미술	체육	음악
점수(점)	92	86	88	86	

[답]

🐸 마을별 학생 수를 조사하여 나타낸 그림그래프입니다. 물음에 답하시오. [4~5]

마을별 학생 수

마을	학생 수
가	😊😊😊😊😊😊😊😊😊😊😊😊😊😊😊😊
나	
다	😊😊😊😊😊😊😊😊😊😊😊😊😊😊😊😊
라	😊😊😊😊😊😊😊😊😊😊😊😊😊😊😊

😊 : 100명
😊 : 10명
😊 : 1명

4 나 마을의 학생 수는 나머지 마을의 평균 학생 수보다 **72**명이 적을 때, 나 마을의 학생 수를 그림그래프에 나타내시오.

5 네 마을의 평균 학생 수를 구하시오.

[답] ______________________

서술형·논술형

6 영수네 반 학생은 모두 **34**명입니다. 그중 남학생은 **16**명이고 여학생은 **18**명입니다. 영수네 반 학생들의 평균 키는 **133.2cm**이고, 남학생들의 평균 키는 **139.5cm**입니다. 영수네 반 여학생들의 평균 키는 몇 cm인지 구하는 과정을 쓰고 답을 구하시오.

____

____

[답] ______________________

7 예은이네 모둠 친구들의 윗몸일으키기 횟수를 조사하여 나타낸 표입니다. 윗몸일으키기 횟수의 차수별 평균이 같을 때 빈칸에 알맞은 수를 써넣으시오.

윗몸일으키기 횟수 (단위: 회)

차수 \ 이름	예은	영민	석준	희진	강현	수빈
1차	11	32	14	12	16	23
2차	19	27		9	23	16
3차	21	25	15	11	18	

서술형·논술형

8 수형이네 집의 감자와 고구마의 평균 생산량을 조사하여 나타낸 표입니다. 감자와 고구마의 생산량은 1a당 평균 몇 kg인지 반올림하여 소수 둘째 자리까지 나타내는 과정을 쓰고 답을 구하시오.

감자와 고구마의 평균 생산량

생산량 \ 종류	감자	고구마
재배 면적(a)	210	150
1a당 생산량(kg)	3	26

[답]

9 영미와 지수가 가지고 있는 구슬 수의 평균은 **22**개이고, 영미와 정훈이가 가지고 있는 구슬 수의 평균은 **23.5**개이고, 지수와 정훈이가 가지고 있는 구슬 수의 평균은 **20.5**개입니다. 영미, 지수, 정훈이가 가지고 있는 구슬은 각각 몇 개인지 차례로 구하시오.

[답]

마을별 옥수수 생산량을 조사하여 나타낸 표입니다. 전체 마을의 옥수수 생산량은 **436459**kg이고 가 마을의 옥수수 생산량은 다 마을의 옥수수 생산량의 **2**배입니다. 물음에 답하시오. [10~11]

마을별 옥수수 생산량 (단위: kg)

마을	가	나	다	라	마	바
생산량		93661		70009	84511	66382
반올림한 수						

10 가 마을과 다 마을의 옥수수 생산량을 구하고 마을별 옥수수 생산량을 반올림하여 천의 자리까지 나타내시오.

11 반올림하여 나타낸 수를 보고 그림그래프로 나타내시오.

마을별 옥수수 생산량

마을	생산량	마을	생산량
가		라	
나		마	
다		바	

◯ : 10톤
△ : 1톤

15

1286a ~ 1300b

학습 관리표

학습 내용		이번 주는?
확인 학습	· 소수의 곱셈 · 소수의 나눗셈 · 자료의 표현과 해석 · 창의력 학습 · 경시대회 예상문제 · 성취도 테스트	• 학습 방법 : ① 매일매일　② 가끔　③ 한꺼번에 　　　　　　하였습니다. • 학습 태도 : ① 스스로 잘　② 시켜서 억지로 　　　　　　하였습니다. • 학습 흥미 : ① 재미있게　② 싫증내며 　　　　　　하였습니다. • 교재 내용 : ① 적합하다고　② 어렵다고　③ 쉽다고 　　　　　　하였습니다.
지도 교사가 부모님께		**부모님이 지도 교사께**
평가	Ⓐ 아주 잘함　　　Ⓑ 잘함　　　Ⓒ 보통　　　Ⓓ 부족함	

원(교)　　　　　　반　　이름　　　　　　　전화

www.gitan.co.kr / (02)586-1007(대)

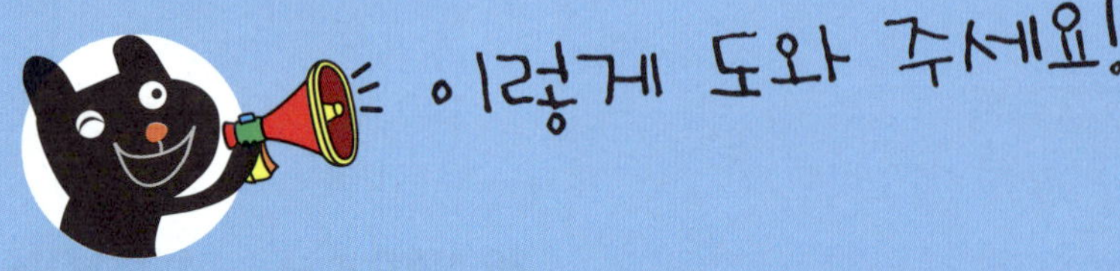

● 학습 목표

– (소수)×(자연수), (자연수)×(소수), (소수)×(소수)의 계산 원리를 이해하고 계산할 수 있습니다.
– 자연수와 소수의 곱셈에서 곱의 소수점의 위치를 알 수 있습니다.
– 소수에 10, 100, 1000을 곱하는 경우와 자연수에 0.1, 0.01, 0.001을 곱하는 경우의 곱의 소수점의 위치를 알 수 있습니다.
– (소수)÷(자연수)의 계산 원리를 이해하고 계산할 수 있습니다.
– (자연수)÷(자연수)의 몫을 소수로 나타내고, 몫이 나누어떨어지지 않는 경우 반올림하여 나타낼 수 있습니다.
– 줄기와 잎 그림을 이해하고 그릴 수 있습니다.
– 그림그래프의 특징을 이해하고 여러 가지 통계적인 사실을 알 수 있습니다.
– 평균의 뜻을 이해하고, 평균을 구할 수 있습니다.

● 지도 내용

– 소수와 자연수, 자연수와 소수, 소수와 소수의 곱셈의 계산 원리를 이해하여 여러 가지 방법으로 계산할 수 있게 합니다.
– 숫자의 배열이 같은 자연수와 소수의 곱셈을 자연수와 자연수의 곱셈과 비교하여 곱의 소수점의 위치를 알게 합니다.
– 소수에 10, 100, 1000을 곱하는 경우와 자연수에 0.1, 0.01, 0.001을 곱하는 경우의 곱의 소수점의 위치를 알게 합니다.
– (소수)÷(자연수)에서 소수를 분수로 바꾸어 계산하게 합니다.
– (자연수)÷(자연수)를 분수로 나타내어 소수로 나타내는 방법을 알게 합니다.
– 줄기와 잎 그림을 이해하고 그리는 순서를 알고 그릴 수 있게 합니다.
– 그림그래프를 보고 여러 가지 통계적 사실을 알게 합니다.
– 평균의 뜻을 이해하고 주어진 자료에서 평균을 구하게 합니다.

● 지도 요점

앞에서 학습한 소수의 곱셈, 소수의 나눗셈, 자료의 표현과 해석을 확인 학습하는 주입니다. 여러 유형의 문제를 접해 보게 함으로써 아이가 학습한 지식을 잘 응용할 수 있도록 지도해 주십시오. 그리고 성취도 테스트를 이용해서 주어진 시간 내에 주어진 문제를 푸는 연습을 하도록 지도해 주십시오.

◆ **소수의 곱셈** ◆

1 □ 안에 알맞은 수를 써넣으시오.

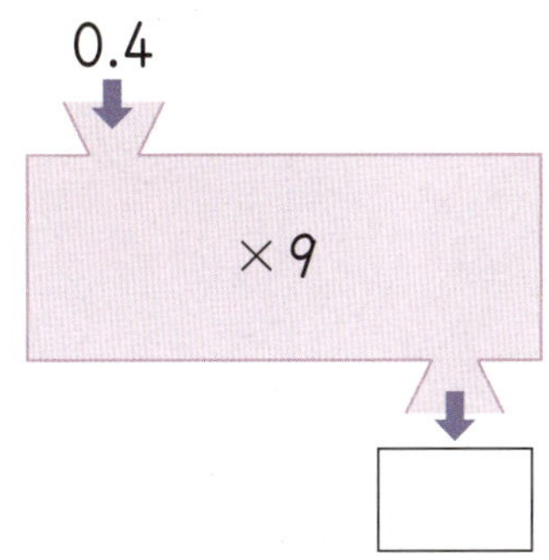

2 곱이 작은 것부터 차례로 기호를 쓰시오.

ㄱ 0.6 × 3   ㄴ 0.8 × 2
ㄷ 0.2 × 7   ㄹ 0.5 × 4

[답]

3 □ 안에 알맞은 수를 써넣으시오.

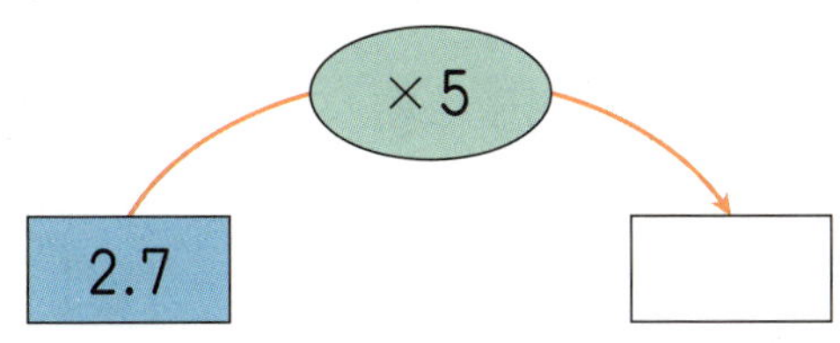

확인 학습

4 곱이 큰 것부터 차례로 ◯ 안에 번호를 쓰시오.

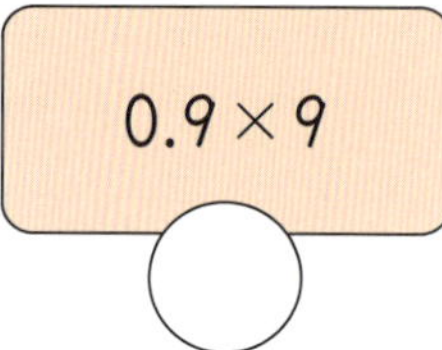

0.9×9

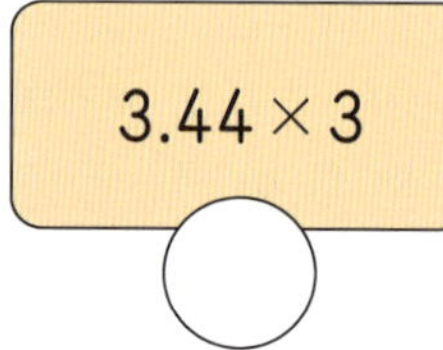

3.44×3

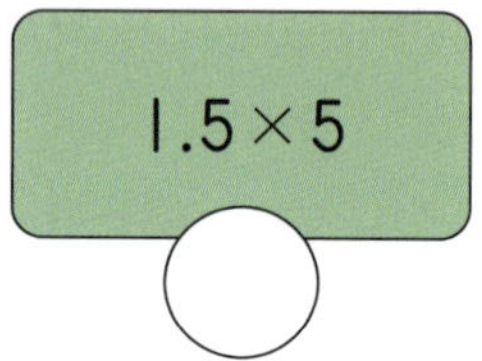

1.5×5

5 가로가 5.7m, 세로가 4m인 직사각형 모양의 꽃밭이 있습니다. 이 꽃밭의 넓이는 몇 m²입니까?

[식]   [답]

6 곱의 크기를 비교하여 ◯ 안에 >, =, <를 알맞게 써넣으시오.

$$11 \times 0.46 \bigcirc 27 \times 0.13$$

7 ㉠+㉡을 구하시오.

㉠ 7.05×8 ㉡ 31×0.6

[답]

확인 학습

8 1시간에 92km를 달리는 자동차가 있습니다. 이 자동차가 같은 빠르기로 0.65시간 동안 달리면 몇 km를 갈 수 있습니까?

[식]   [답]

9 곱의 계산 결과가 다른 하나를 찾아 기호를 쓰시오.

> ㉠ 0.37×45　　　　㉡ 3.7×45
> ㉢ 37×0.45　　　　㉣ 0.045×370

[답]

10 $82 \times 25 = 2050$을 이용하여 ㉠은 ㉡의 몇 배인지 구하시오.

> ㉠ 8200×0.025　　　㉡ 8.2×250

[답]

11 □ 안에 알맞은 수를 써넣으시오.

$$0.74 \times 58 = 74 \times \boxed{}$$

12 □ 안에 알맞은 수를 써넣으시오.

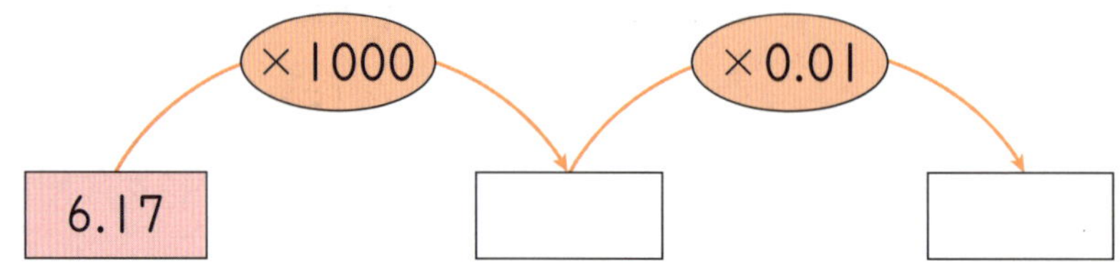

13 곱의 크기를 비교하여 ○ 안에 >, =, <를 알맞게 써넣으시오.

$$275 \times 0.001 \bigcirc 0.275 \times 10$$

14 □ 안에 들어갈 수가 가장 큰 것을 찾아 기호를 쓰시오.

> ㉠ $21.22 \times \square = 212.2$ ㉡ $34 \times \square = 0.34$
> ㉢ $91.88 \times \square = 9188$ ㉣ $149 \times \square = 14.9$

[답]

 확인 학습

15 어떤 수에 0.01을 곱했더니 0.527이 되었습니다. 어떤 수는 얼마입니까?

[답]

16 무게가 0.778kg인 화분이 있습니다. 이 화분 1000개의 무게는 몇 kg입니까?

[식]   [답]

17 혜정이는 길이가 146cm인 색 테이프의 0.1만큼을 잘라서 사용하였습니다. 혜정이가 사용한 색 테이프는 몇 cm입니까?

[식]   [답]

18 곱이 큰 것부터 차례로 기호를 쓰시오.

㉠ 0.9 × 0.42   ㉡ 0.37 × 0.6
㉢ 0.52 × 0.34   ㉣ 0.08 × 0.27

[답]

19 ☐ 안에 알맞은 수를 구하시오.

$$\square \div 0.65 = 0.58$$

[답]

20 정사각형의 넓이는 몇 m²입니까?

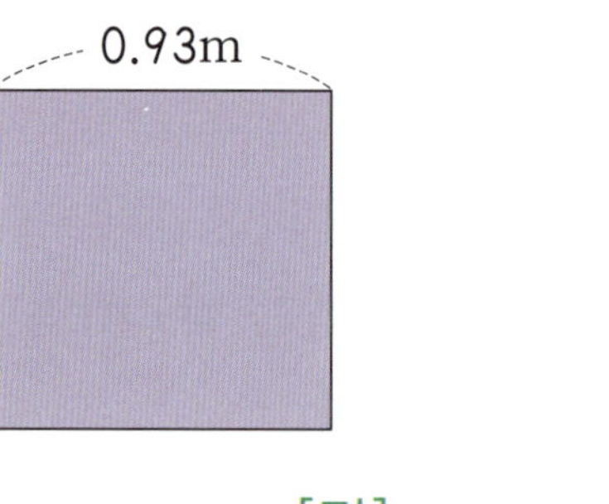

[답]

21 물이 1시간에 0.74L씩 새는 물통이 있습니다. 이 물통에서 0.5시간 동안 흘러나온 물은 모두 몇 L입니까?

[식]   [답]

확인 학습

확인 학습

22 가장 큰 수와 가장 작은 수의 곱을 구하시오.

> 12.6　3.7　4.94　11.5　2.8

[답]

23 ㉡－㉠을 구하시오.

> ㉠ 11.46 × 2.4　　　㉡ 9.8 × 5.1

[답]

24 1에서 9까지의 숫자 중에서 ☐ 안에 들어갈 수 있는 수는 모두 몇 개입니까?

> 3.46 × 8.2 < 28.3☐2

[답]

25 진경이의 키는 1.2m입니다. 진경이의 방에 있는 장롱의 높이는 진경이의 키의 1.55배입니다. 장롱의 높이는 몇 m입니까?

[식]   [답]

26 □ 안에 알맞은 수를 써넣으시오.

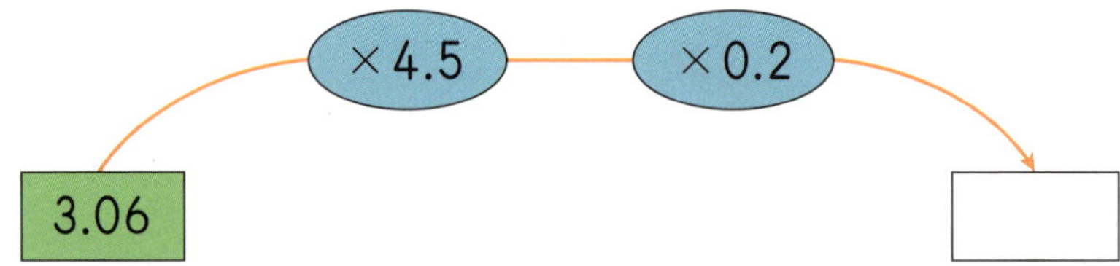

27 곱이 작은 것부터 차례로 기호를 쓰시오.

㉠ 10.4×1.9×0.5   ㉡ 0.82×5.3×2.5   ㉢ 0.76×6.5×1.2

[답]

28 가로가 0.85m, 세로가 0.65m인 직사각형 모양의 타일이 있습니다. 이 타일의 넓이의 10.8배는 몇 m²입니까?

[식]   [답]

확인 학습

◆ 소수의 나눗셈 ◆

1 빈칸에 알맞은 수를 써넣으시오.

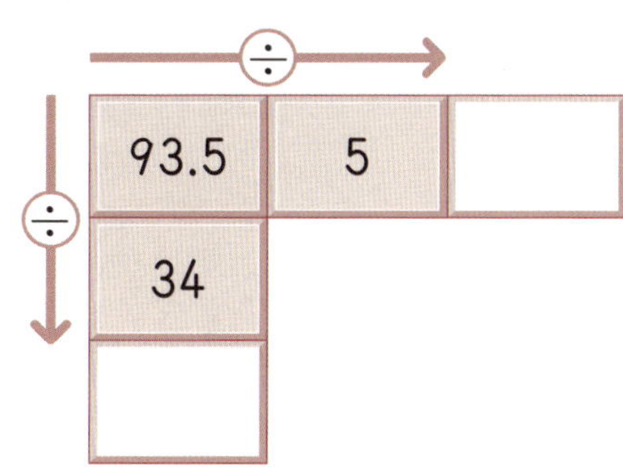

2 몫의 크기를 비교하여 ○ 안에 >, =, <를 알맞게 써넣으시오.

$$285.6 \div 12 \bigcirc 163.8 \div 7$$

3 1에서 9까지의 숫자 중에서 □ 안에 들어갈 수 있는 자연수를 모두 구하시오.

$$79.8 \div 19 > \square$$

[답]

확인 학습

4 어떤 수를 8로 나누어야 할 것을 잘못하여 곱하였더니 472.8이 되었습니다. 어떤 수를 구하시오.

[답]

5 넓이가 65.7m²인 땅을 9등분하였습니다. 9등분한 것 중의 하나는 몇 m²입니까?

[식]   [답]

6 똑같은 의자 13개는 55.9kg입니다. 의자 한 개는 몇 kg입니까?

[식]   [답]

7 몫이 같은 것끼리 선으로 이으시오.

(1) $16.88 \div 8$ ·

(2) $54.46 \div 14$ ·

· ㉠ $54.21 \div 13$

· ㉡ $27.23 \div 7$

· ㉢ $10.55 \div 5$

8 몫이 작은 것부터 차례로 기호를 쓰시오.

> ㉠ 21.57÷3　　　㉡ 57.32÷4
> ㉢ 192.66÷26　　㉣ 22.08÷12

[답] ________________

9 □ 안에 들어갈 수를 구하시오.

> □ × 32 = 686.08

[답] ________________

10 294.36을 어떤 수로 나누었더니 몫이 4가 되고 나머지는 없었습니다. 어떤 수는 얼마입니까?

[답] ________________

11 유주는 찰흙 27.24kg을 12개로 똑같이 나누어 그중 1개로 미술 숙제를 했습니다. 유주가 미술 숙제에 사용한 찰흙은 몇 kg입니까?

[식] ________________　　　[답] ________________

12 몫의 크기를 비교하여 ◯ 안에 >, =, <를 알맞게 써넣으시오.

$$15.47 \div 17 \bigcirc 25.52 \div 29$$

13 계산이 틀린 곳을 찾아 바르게 고쳐 보시오.

```
        6.3
  52)3 2.7 6
    3 1 2
      1 5 6
      1 5 6
          0
```
➡
```
  52)3 2.7 6
```

14 ㉠－㉡을 구하시오.

┌──────────────────────────────────────┐
│ ㉠ 13.34 ÷ 23   ㉡ 3.42 ÷ 9   │
└──────────────────────────────────────┘

[답]

확인 학습

확인 학습

15 팽이버섯 36봉지가 7.56kg입니다. 팽이버섯 한 봉지의 무게는 몇 kg입니까?

[식]   [답]

16 □ 안에 알맞은 수를 써넣으시오.

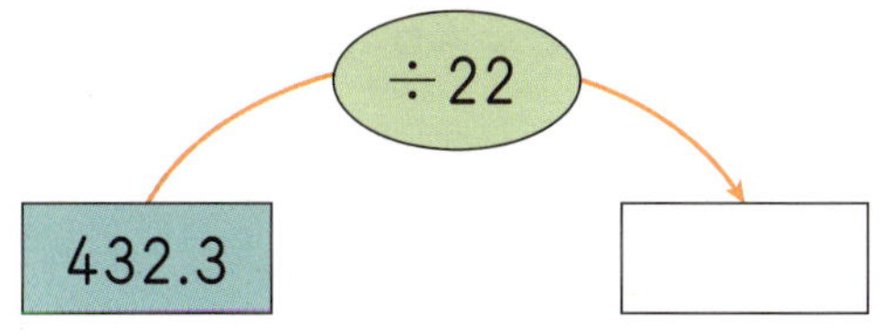

17 그림과 같이 넓이가 94.4cm²인 정오각형을 5등분하였습니다. 색칠한 부분의 넓이는 몇 cm²입니까?

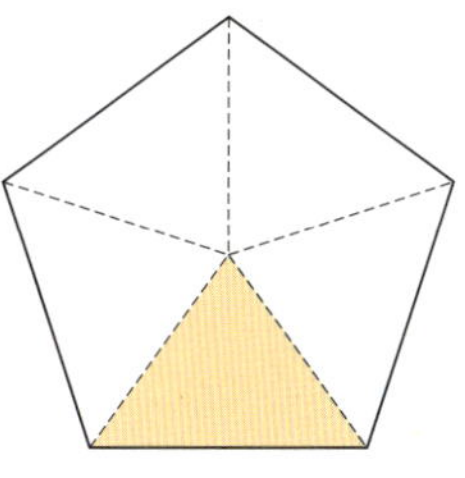

[답]

18 오른쪽 평행사변형의 넓이는 $936.7cm^2$입니다.
이 평행사변형의 밑변은 몇 cm입니까?

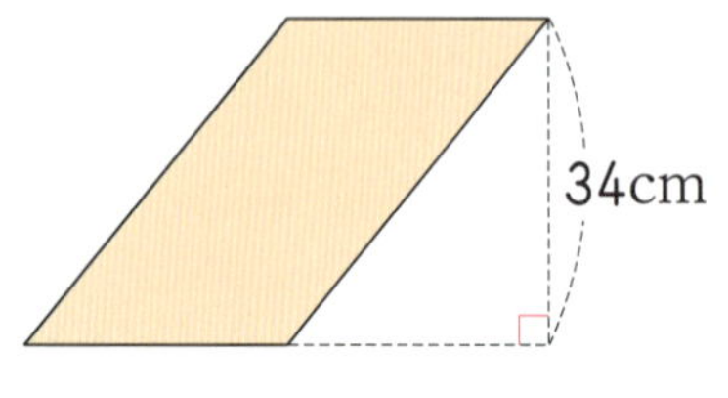

[답]

19 몫의 크기를 비교하여 ○ 안에 ＞, ＝, ＜를 알맞게 써넣으시오.

$$138.92 \div 46 \quad \bigcirc \quad 76.75 \div 25$$

20 □ 안에 알맞은 수를 써넣으시오.

$$35.42 \div \boxed{} = 7$$

21 몫의 소수 첫째 자리 숫자가 0인 나눗셈을 찾아 기호를 쓰시오.

㉠ $7.7 \div 5$	㉡ $101.08 \div 14$
㉢ $55.66 \div 22$	㉣ $48.64 \div 8$

[답]

 확인 학습

I-293a

22 □ 안에 들어갈 수 있는 자연수는 모두 몇 개입니까?

$$60.12 \div 6 < \square < 135.81 \div 9$$

[답]

23 25일에 26.5분씩 느려지는 시계가 있습니다. 이 시계가 매일 같은 빠르기로 느려진다면 하루에 몇 분씩 느려지는 것입니까?

[식]   [답]

24 나누어떨어지지 않아서 간단한 소수로 나타낼 수 없는 나눗셈을 찾아 기호를 쓰시오.

㉠ $9 \div 6$	㉡ $12 \div 5$
㉢ $25 \div 9$	㉣ $33 \div 50$

[답]

25 □ 안에 들어갈 수 있는 소수 한 자리 수는 모두 몇 개입니까?

$$\frac{8}{21} < \square < \frac{15}{17}$$

[답]

26 우유 16L를 25명이 똑같이 나누어 마시려고 합니다. 한 사람이 몇 L를 마실 수 있습니까?

[식]　　　　　　　　　　　　　　　　[답]

27 어떤 수에 27을 곱했더니 2322가 되었습니다. 어떤 수를 15로 나누었을 때의 몫을 반올림하여 소수 첫째 자리까지 나타내시오.

[답]

28 영애는 자전거를 타고 일정한 빠르기로 6시간 동안 44.8km를 달렸습니다. 영애는 한 시간 동안 몇 km를 달린 것인지 반올림하여 소수 둘째 자리까지 나타내시오.

[답]

 확인 학습

✿ 이름 :

✿ 날짜 :

✿ 시간 :　시　분 ～　시　분

확인

◆ **자료의 표현과 해석** ◆

영은이네 반 학생들의 수학 점수를 조사하여 나타낸 줄기와 잎 그림입니다. 물음에 답하시오. [1~3]

수학 점수　　　　(6│2는 62점)

줄기	잎
6	2　9　9
7	7　8　5　2
8	9　4　4　2　8　1
9	5　0

1 수학 점수가 80점대인 학생은 몇 명입니까?

[답]

2 영은이의 수학 점수는 반에서 3번째로 높습니다. 영은이의 수학 점수는 몇 점입니까?

[답]

3 수학 점수가 가장 높은 학생과 가장 낮은 학생의 차는 몇 점입니까?

[답]

확인 학습 

🐸 형국이네 반 학생들의 발 길이를 조사하여 나타낸 것입니다. 물음에 답하시오.

[4~6]

학생들의 발 길이   (단위: mm)

226	241	229	225	228	233	250	243
250	254	244	239	249	236	238	240

4 형국이네 반 학생들의 발 길이를 보고 줄기와 잎 그림으로 나타내시오.

학생들의 발 길이 (22 | 6은 226mm)

줄기	잎
22	
23	
24	
25	

5 형국이의 발 길이는 233mm입니다. 형국이는 반에서 발 길이가 긴 편입니까? 짧은 편입니까?

[답]

6 발 길이가 가장 긴 학생과 가장 짧은 학생의 차는 몇 mm입니까?

[답]

 확인 학습

확인 학습

🐸 은빈이가 전반기에 저금한 금액을 나타낸 그림그래프입니다. 물음에 답하시오.

[7~9]

월별 저금한 금액

월	저금액	월	저금액	월	저금액
1월		3월		5월	
2월		4월		6월	

: 1000원, : 100원

7 5월에 저금한 금액은 얼마입니까?

[답]

8 저금한 금액이 가장 많은 달과 가장 적은 달의 저금한 금액의 차는 얼마입니까?

[답]

9 은빈이가 전반기에 저금한 돈은 모두 얼마입니까?

[답]

어느 지역의 연도별 학생 수를 조사한 표와 그림그래프입니다. 물음에 답하시오.
[10 ~11]

연도별 학생 수 (단위: 명)

연도(년)	2007	2008	2009	2010	2011
학생 수		500		380	

연도별 학생 수

연도(년)	학생 수
2007	
2008	
2009	
2010	
2011	

: 100명, : 10명

10 표와 그림그래프를 완성하시오.

11 앞으로 학생 수는 어떻게 변하겠습니까?

[답]

확인 학습

지연이네 모둠 학생들의 통학 시간을 조사하여 나타낸 표입니다. 물음에 답하시오.
[12~15]

지연이네 모둠 학생들의 통학 시간

이름	지연	하은	경미	유미	동건
시간(분)	42	30	12	25	16

12 지연이네 모둠 학생들의 평균 통학 시간은 몇 분입니까?

[답]

13 통학 시간이 평균 통학 시간과 같은 학생은 누구입니까?

[답]

14 통학 시간이 평균 통학 시간보다 긴 학생은 누구누구입니까?

[답]

15 학생 한 명이 전학을 와서 지연이네 모둠이 되었습니다. 지연이네 모둠 학생들의 평균 통학 시간이 2분 늘었다면 전학 온 학생의 통학 시간은 몇 분입니까?

[답]

16 민국이와 대훈이의 줄넘기 횟수를 조사하여 나타낸 표입니다. 줄넘기의 평균 횟수가 더 많은 사람은 누구입니까?

줄넘기 횟수 (단위: 회)

이름＼차수	1	2	3	4	5	6
민국	86	79	100	95	120	120
대훈	81	80	92	104	121	116

[답]

17 203쪽짜리 동화책을 일주일 동안 다 읽으려고 합니다. 하루에 평균 몇 쪽씩 읽어야 합니까?

[답]

18 승완이의 월별 과학 점수를 조사하여 나타낸 표입니다. 4개월 동안의 과학 점수의 평균이 87점이 되려면 9월에는 몇 점을 받아야 합니까?

월별 과학 점수

월	6	7	8	9
점수(점)	85	92	78	

[답]

확인 학습

🐸 희수네 모둠과 지우네 모둠 학생들의 인터넷 사용 시간을 조사하여 나타낸 표입니다. 물음에 답하시오. [19~21]

희수네 모둠의 인터넷 사용 시간

이름	시간(분)
희수	38
영주	41
훈철	49
경준	40
미애	32
연숙	58

지우네 모둠의 인터넷 사용 시간

이름	시간(분)
지우	52
준석	32
동훈	31
재호	49
영미	38
현수	50

19 희수네 모둠과 지우네 모둠 학생들의 인터넷 사용 시간을 줄기와 잎 그림으로 나타내시오.

인터넷 사용 시간　(3 | 8은 38분)

잎(희수네 모둠)	줄기	잎(지우네 모둠)
	3	
	4	
	5	

20 지우의 인터넷 사용 시간은 긴 편입니까? 짧은 편입니까?

[답]

21 어느 모둠의 평균 인터넷 사용 시간이 깁니까? 또, 두 모둠의 평균 인터넷 사용 시간의 차이는 몇 분입니까?

[답]

마을별 감자 생산량을 조사하여 나타낸 표입니다. 물음에 답하시오. [22~23]

마을별 감자 생산량   (단위: kg)

마을	가	나	다	라
생산량	38881	64511	46975	53160
반올림한 수				

22 마을별 감자 생산량을 반올림하여 천의 자리까지 나타내시오.

23 반올림하여 나타낸 수를 보고 그림그래프로 나타내시오.

마을별 감자 생산량

마을	생산량
가	
나	
다	
라	

: 10000kg,   : 1000kg

이름 :
날짜 :
시간 : 시 분 ~ 시 분

확인

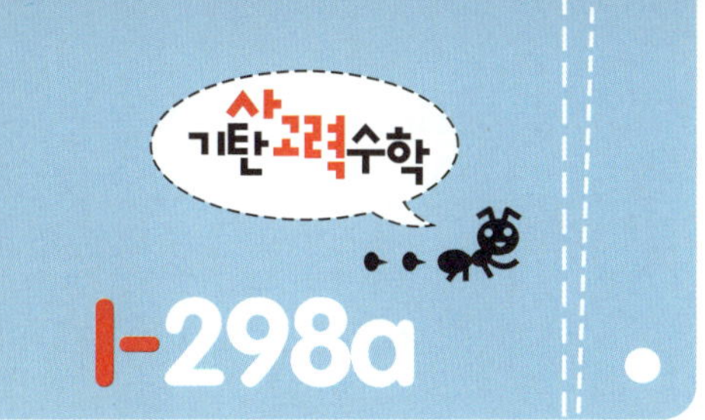

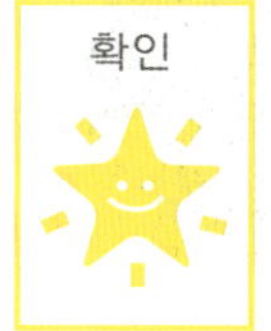

창의력 학습

슈퍼스타 Q군의 팬인 영미와 현준이는 슈퍼스타 Q군의 집을 찾고 있습니다. 슈퍼스타 Q군의 집은 곱의 계산 결과가 가장 큰 집입니다. 슈퍼스타 Q군의 집은 어느 것인지 기호를 쓰시오.

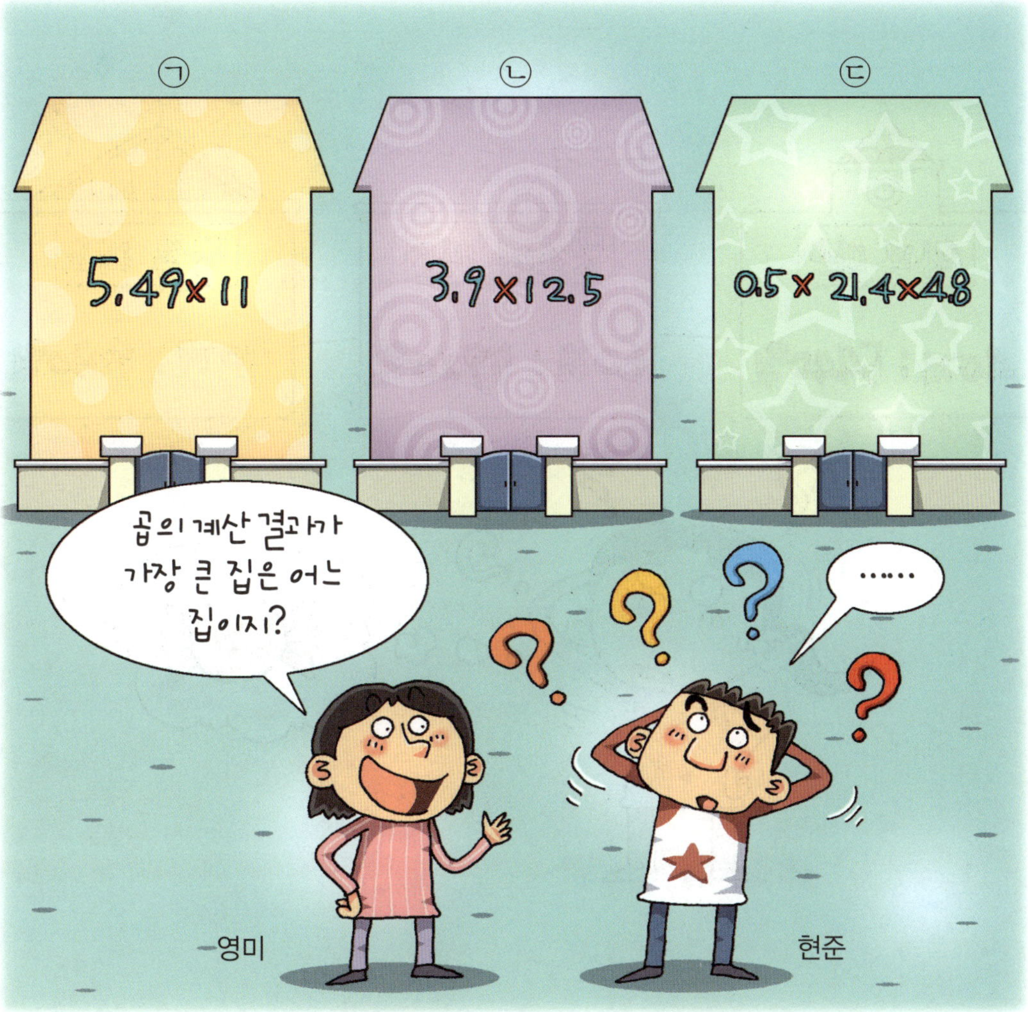

[답]

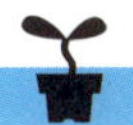

유진이는 사탕을 사러 마트에 갔습니다. 똑같은 사탕을 싸다 마트에서는 40개에 5440원에 팔고, 맛조아 마트에서는 60개에 7920원에 팔고, 달콤 마트에서는 70개에 9030원에 팔고 있습니다. 유진이는 한 개당 평균 가격이 싼 마트에서 사탕을 사려고 합니다. 유진이는 어느 마트에서 사탕을 사야 합니까?

[답]

➕ 경시대회 예상문제

1 0.8 × 0.0125를 계산한 값은 소수 몇 자리 수입니까?

[답]

2 길이가 1.77m인 색 테이프 9장을 그림과 같이 0.45m씩 겹치게 이어 붙였습니다. 이어 붙인 색 테이프 전체의 길이는 몇 m입니까?

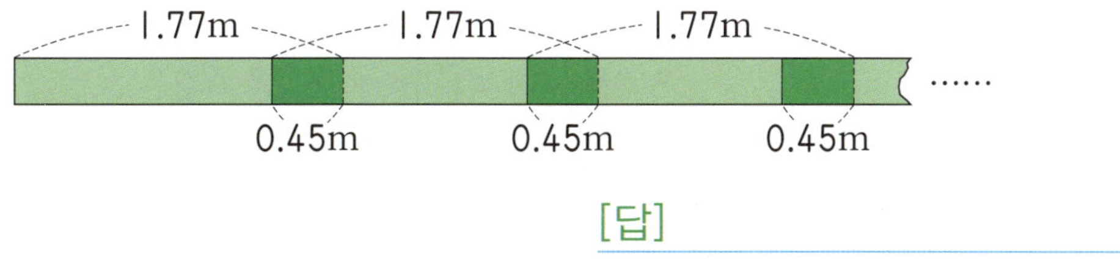

[답]

3 곱이 더 큰 것의 기호를 쓰시오.

> ㉠ 4.06 × 0.5 × 5.2 × 2.3   ㉡ 1.5 × 3.3 × 0.58 × 6.7

[답]

4 ㉠＊㉡＝㉠×(㉠＋㉡)×㉡일 때 **8.3＊6.4**를 구하시오.

[답]

5 어떤 수를 45로 나누어야 할 것을 잘못하여 54로 나누었더니 0.8이 되었습니다. 바르게 계산한 값을 구하시오.

[답]

6 □ 안에 들어갈 수 있는 자연수는 모두 몇 개입니까?

$$6.05 \div 11 < \square < 126.84 \div 21$$

[답]

7 다음 직사각형의 세로를 1cm 늘이면, 가로는 몇 cm 줄여야 처음 직사각형의 넓이와 같아집니까?

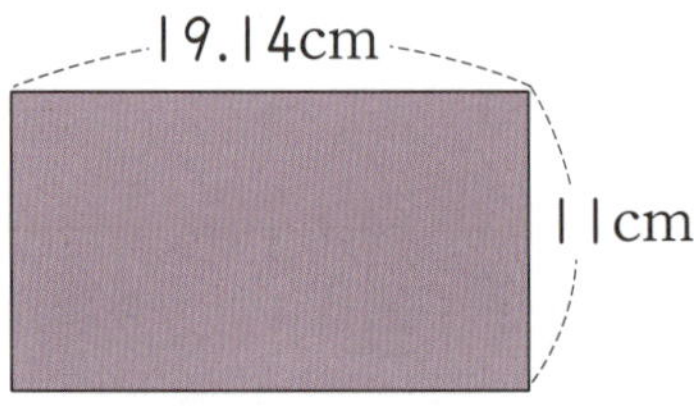

[답]

8 몫을 소수로 나타낼 때 소수점 아래 **77**번째 자리 숫자가 더 큰 것의 기호를 쓰시오.

$$ ㉠\ 29 \div 11 \qquad\qquad ㉡\ 50 \div 27 $$

[답]

서술형·논술형

9 분모가 **23**인 가분수의 분자를 분모로 나누었더니 몫이 **9**, 나머지가 **13**이었습니다. 이 분수를 소수로 나타낼 때, 반올림하여 소수 둘째 자리까지 나타내는 과정을 쓰고 답을 구하시오.

[답]

10 영서네 모둠과 준희네 모둠의 미술 점수를 조사하여 나타낸 줄기와 잎 그림입니다. 어느 모둠의 평균 미술 점수가 더 좋습니까?

미술 점수   (6 | 9는 69점)

잎(영서네 모둠)	줄기	잎(준희네 모둠)
5 9	6	0 9 4
2 7 8	7	2 3
3 9 0	8	9 0 0 3
0 6	9	0 5 3

[답]

11 학년별 학급문고 수를 조사하여 나타낸 그림그래프입니다. 6학년의 학급문고 수는 나머지 학년의 평균 학급문고 수보다 132권이 적을 때, 6학년의 학급문고 수를 그림그래프에 나타내시오.

학년별 학급문고 수

학년	학급문고 수
1	
2	
3	
4	
5	
6	

12 오른쪽은 주미네 반 남녀 학생들의 평균 몸무게를 나타낸 표입니다. 주미네 반 전체 평균 몸무게는 몇 kg인지 반올림하여 소수 둘째 자리까지 나타내는 과정을 쓰고 답을 구하시오.

남녀 학생별 평균 몸무게

학생	학생 수(명)	평균(kg)
남학생	18	48.6
여학생	15	42.3

[답]

1　□ 안에 알맞은 수를 써넣으시오.

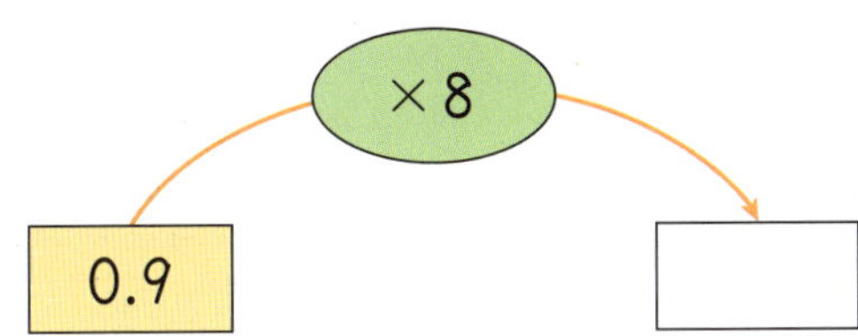

2　$47 \times 21 = 987$을 이용하여 □ 안에 알맞은 수를 써넣으시오.

(1) $4.7 \times 21 =$ □

$0.47 \times 21 =$ □

$0.047 \times 21 =$ □

$0.0047 \times 21 =$ □

(2) $47 \times 2.1 =$ □

$47 \times 0.21 =$ □

$47 \times 0.021 =$ □

$47 \times 0.0021 =$ □

3　곱의 소수점의 위치로 알맞은 곳을 찾아 기호를 쓰시오.

$$0.016 \times 73 = \;_ⓖ 1 \,_ⓛ 1 \,_ⓒ 6 \,_ⓔ 8 \,_ⓜ$$

ㄱ　ㄴ　ㄷ　ㄹ　ㅁ

[답]

4 □ 안에 들어갈 수가 가장 큰 것을 찾아 기호를 쓰시오.

> ㉠ $327 \times \square = 32.7$ ㉡ $27.4 \times \square = 274$
> ㉢ $95 \times \square = 0.095$ ㉣ $3.3 \times \square = 330$

[답]

5 곱의 크기를 비교하여 ○ 안에 >, =, <를 알맞게 써넣으시오.

$$0.84 \times 0.05 \bigcirc 0.9 \times 0.26$$

6 □ 안에 들어갈 수 있는 자연수는 모두 몇 개입니까?

> $0.75 \times 0.076 < \square < 1.4 \times 2.33$

[답]

7 수연이의 몸무게는 43.2kg입니다. 어머니의 몸무게는 수연이의 몸무게의 1.35배입니다. 어머니의 몸무게는 몇 kg입니까?

[식]   [답]

8 가로가 **35.4m**, 세로가 **42.5m**인 직사각형 모양의 꽃밭이 있습니다. 이 꽃밭의 **0.58**만큼에 장미를 심었습니다. 장미를 심은 꽃밭은 몇 m²입니까?

[식] 　　　　　　　　　　　　　　　[답]

9 □ 안에 알맞은 수를 써넣으시오.

$$81.4 \div 22 = \frac{\boxed{}}{10} \div 22 = \frac{\boxed{}}{10 \times \boxed{}} = \frac{\boxed{}}{10} = \boxed{}$$

10 빈칸에 알맞은 수를 써넣으시오.

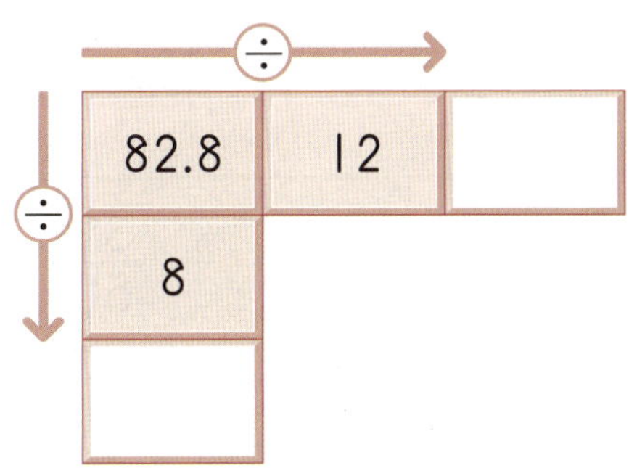

11 계산이 틀린 곳을 찾아 바르게 고쳐 보시오.

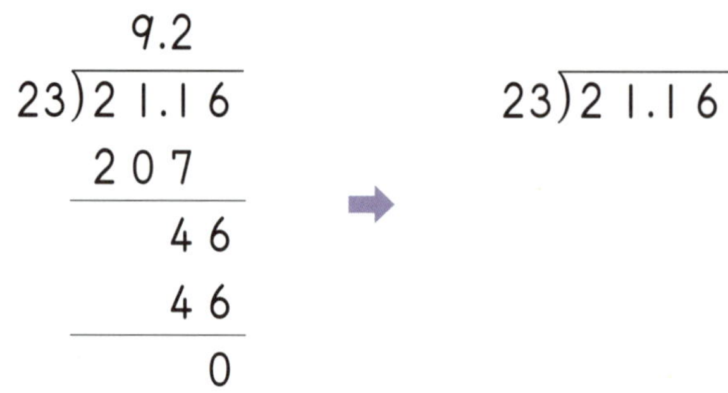

12 몫이 큰 것부터 차례로 기호를 쓰시오.

> ㉠ $35.4 \div 12$ ㉡ $15.26 \div 14$
>
> ㉢ $42.14 \div 7$ ㉣ $5.04 \div 8$

[답]

13 쌀 **24.4kg**을 8봉지에 똑같이 나누어 담으려고 합니다. 한 봉지에 몇 **kg**씩 담아야 합니까?

[식]   [답]

14 □ 안에 들어갈 수 있는 소수 한 자리 수는 모두 몇 개입니까?

> $$\frac{9}{25} < □ < \frac{37}{50}$$

[답]

15 일정한 빠르기로 14분 동안 16.3cm가 타는 초가 있습니다. 이 초가 1분 동안 몇 cm 타는지 반올림하여 소수 둘째 자리까지 나타내시오.

[답]

TV 시청 시간 (단위: 분)

45	66	55	62	42	77	60	79	51	46
75	70	73	40	50	78	57	60	45	72

16 민희네 반 학생들의 하루 TV 시청 시간을 보고 줄기와 잎 그림으로 나타내시오.

TV 시청 시간 (4 | 5는 45분)

줄기	잎
4	
5	
6	
7	

17 하루 동안 TV를 가장 오래 시청한 학생과 가장 적게 시청한 학생의 차는 몇 분입니까?

[답]

18 윤정, 현수, 유희가 모은 평균 붙임 딱지는 **45**개입니다. 예린이가 모은 붙임 딱지가 **39**개일 때 윤정, 현수, 유희, 예린이가 모은 평균 붙임 딱지는 몇 개입니까?

[답]

지역별 고구마 생산량을 조사하여 나타낸 표입니다. 물음에 답하시오. [19~20]

지역별 고구마 생산량 (단위: kg)

지역	가	나	다	라
생산량	4512	2069	5117	3364
반올림한 수				

19 지역별 고구마 생산량을 반올림하여 백의 자리까지 나타내시오.

20 반올림하여 나타낸 수를 보고 그림그래프로 나타내시오.

지역별 고구마 생산량

지역	생산량
가	
나	
다	
라	

◎ : 1000kg
● : 100kg

사고력도 탄탄! 창의력도 탄탄!

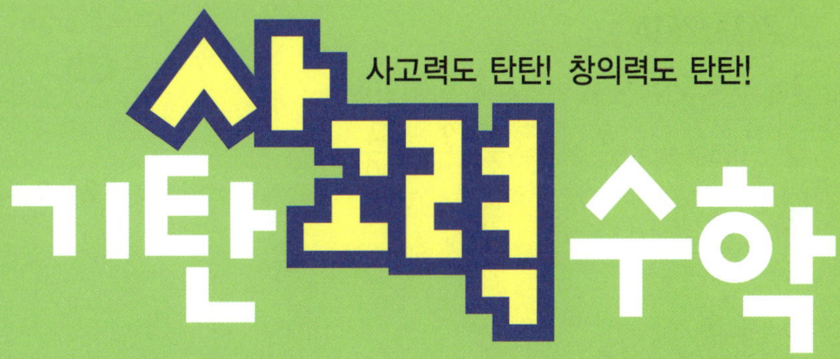
사
기탄 고력 수학

해답

1241a~1300b

해답은 따로 보관하고 있다가
채점할 때 사용해 주세요.

241a~241b

1 0.3, 0.3, 0.3, 0.3, 0.3, 0.3, 1.8

2 $0.6 \times 9 = \dfrac{6}{10} \times 9 = \dfrac{6 \times 9}{10} = \dfrac{54}{10} = 5.4$

3 1.5

4 6.4

5 2.8

6 4.5

7 4.9

8 ㉡, ㉢, ㉠, ㉣
   풀이 ㉠ $0.5 \times 5 = 2.5$
   ㉡ $0.8 \times 2 = 1.6$
   ㉢ $0.3 \times 8 = 2.4$
   ㉣ $0.4 \times 9 = 3.6$
   ➡ ㉡ < ㉢ < ㉠ < ㉣

9 $0.2 \times 9 = 1.8$, 1.8m

10 $0.3 \times 7 = 2.1$, 2.1L

242a~242b

1 1.2, 1.2, 1.2, 1.2, 4.8

2 18, 18, 54, 5.4

3 407, 407, 2442, 24.42

4 9.2

5 9.57

6 26.5

7 3.68

8 67.5

9 1, 3, 2
   풀이 $3.3 \times 3 = 9.9$
   $2.17 \times 4 = 8.68$
   $4.6 \times 2 = 9.2$
   ➡ $9.9 > 9.2 > 8.68$

10 45.6cm²
   풀이 (직사각형의 넓이)=(가로)×(세로)
   $= 11.4 \times 4$
   $= 45.6 (\text{cm}^2)$

11 $1.2 \times 7 = 8.4$, 8.4kg

243a~243b

1 3.5

2 $19 \times 0.11 = 19 \times \dfrac{11}{100} = \dfrac{19 \times 11}{100}$
   $= \dfrac{209}{100} = 2.09$

3 3.2

4 7.5

5 1.38

6 6.82

7 9.6, 0.48
   풀이 $12 \times 0.8 = 9.6$
   $12 \times 0.04 = 0.48$

8 >
   풀이 $7 \times 0.51 = 3.57$
   $37 \times 0.09 = 3.33$
   ➡ $7 \times 0.51 \;>\; 37 \times 0.09$

9 0.68
   풀이 ㉠ $29 \times 0.52 = 15.08$
   ㉡ $48 \times 0.3 = 14.4$
   ➡ ㉠ - ㉡ = $15.08 - 14.4$
   $= 0.68$

10 $86 \times 0.75 = 64.5$, 64.5km

244a~244b

1 4, 4, 32, 3.2

2 41, 41, 369, 0.369

3 27, 27, 945, 9.45

4
$$\begin{array}{r} 0.0\,6 \\ \times\quad 2 \\ \hline 0.1\,2 \end{array}$$

5
$$\begin{array}{r} 2\,5 \\ \times\ 0.7\,1 \\ \hline 17.7\,5 \end{array}$$

6 0.64

7 0.042

8 13.23

9 0.132

10 0.196

11 2.19

12 (1) 83.2, 8.32, 0.832, 0.0832
(2) 83.2, 8.32, 0.832, 0.0832

245a~245b

1 7.76

풀이 $0.97 \times 8 = 7.76$

2 ㉡

풀이 (자연수) × (소수)에서 곱의 소수점의 위치는 곱하는 소수의 소수점의 위치와 같으므로 곱의 소수점의 위치로 알맞은 곳은 ㉡입니다.

3 ㉣

풀이 곱의 계산 결과의 자릿수를 알아봅니다.
㉠, ㉡, ㉢ 소수 두 자리 수
㉣ 소수 한 자리 수

4 <

5 ㉡

풀이 ㉠ $0.16 \times 77 = 12.32$
㉡ $0.045 \times 19 = 0.855$
㉢ $53 \times 0.6 = 31.8$

6 ( ) (○)

풀이 $0.074 \times 13 = 0.962$
$29 \times 0.037 = 1.073$
➡ $0.962 < 1.073$

7 $\dfrac{1}{100}$배 또는 0.01배

풀이 ㉠ $4600 \times 0.055 = 253$
㉡ $4.6 \times 5500 = 25300$
따라서 ㉠은 ㉡의 $\dfrac{1}{100}$배입니다.

8 0.28

풀이 $0.96 \times 28 = 26.88$로 소수 두 자리 수이므로 $96 \times \square$도 소수 두 자리 수이어야 합니다. 따라서 $\square$ 안에 알맞은 수는 소수 두 자리 수인 0.28입니다.

246a~246b

1 (1) 67, 67, 670, 6.7
(2) 67, 67, 6700, 67
(3) 67, 67, 67000, 670

2 (1) 10, 10, 10, 50.3
(2) 100, 100, 100, 5.03
(3) 1000, 1000, 1000, 0.503

3 31.64, 316.4, 3164

풀이 소수에 10, 100, 1000을 곱할 때는 곱하는 수의 0의 개수만큼 소수점을 오른쪽으로 옮겨 찍습니다. 이때 소수점을 옮길 자리가 없으면 오른쪽으로 0을 채워 씁니다.

4 9.1, 0.91, 0.091

풀이 자연수에 0.1, 0.01, 0.001을 곱할 때는 곱하는 수의 소수점 아래 자릿수만큼 소수점을 왼쪽으로 옮겨 찍습니다. 이때 소수점을 옮길 자리가 없으면 왼쪽으로 0을 채워 씁니다.

5 2.3

6 55.6

7 4818

8 29.7

9 0.69

10 3.3

11 10

풀이 곱해지는 수에서 소수점이 오른쪽으로 한 칸 옮겨진 것이므로 10을 곱한 것입니다.

12 0.021

풀이 곱하는 수는 1000이므로 곱해지는 수의 소수점이 오른쪽으로 세 칸 옮겨진 수가 21입니다. 따라서 곱해지는 수는 21에서 소수점이 왼쪽으로 세 칸 옮겨진 0.021입니다.

13 0.01

풀이 곱해지는 수에서 소수점이 왼쪽으로 두 칸 옮겨진 것이므로 0.01을 곱한 것입니다.

14 15.04

풀이 곱하는 수는 0.1이므로 곱해지는 수의 소수점이 왼쪽으로 한 칸 옮겨진 수가 1.504입니다. 따라서 곱해지는 수는 1.504에서 소수점이 오른쪽으로 한 칸 옮겨진 15.04입니다.

247a~247b

1 2230, 2.23

풀이 $22.3 \times 100 = 2230$
$2230 \times 0.001 = 2.23$

2 >

풀이 $0.456 \times 10 = 4.56$
$450 \times 0.01 = 4.5$
➡ 0.456×10 ⟩ 450×0.01

3 ㉡

풀이 ㉠ $9540 \times 0.01 = 95.4$
㉡ $9.54 \times 100 = 954$
㉢ $954 \times 0.1 = 95.4$
㉣ $0.0954 \times 1000 = 95.4$

4 ㉢

풀이 ㉠ $1.3 \times \square = 130$ ➡ $\square = 100$
㉡ $82 \times \square = 8.2$ ➡ $\square = 0.1$
㉢ $106 \times \square = 1.06$ ➡ $\square = 0.01$
㉣ $50.47 \times \square = 504.7$ ➡ $\square = 10$

5 309

풀이 어떤 수를 $\square$라고 하면
$\square \times 0.001 = 0.309$입니다.
곱하는 수는 0.001이므로 곱해지는 수의 소수점이 왼쪽으로 세 칸 옮겨진 수가 0.309입니다. 따라서 곱해지는 수는 0.309에서 소수점이 오른쪽으로 세 칸 옮겨진 309입니다.

6 $0.27 \times 100 = 27$, 27kg

7 $25000 \times 0.1 = 2500$, 2500원

248a~248b

1 (1) 0.01m^2 (2) 48개 (3) 0.48m^2

2 5, 33, 165, 0.165

3 14, 72, 1008, 0.1008

4 203 / 0.203

5 246, 41, 656 / 0.0656

6 0.27

7 0.116

8 0.24

9 0.0913

249a~249b

1 (위에서부터)
0.21 / 0.0344 / 0.602, 0.012

풀이 $0.7 \times 0.3 = 0.21$
$0.86 \times 0.04 = 0.0344$
$0.7 \times 0.86 = 0.602$
$0.3 \times 0.04 = 0.012$

2 0.081

풀이 $0.9 > 0.58 > 0.3 > 0.21 > 0.09$이므로 가장 큰 수와 가장 작은 수의 곱은 $0.9 \times 0.09 = 0.081$입니다.

3 $>$

풀이 $0.06 \times 0.55 = 0.033$
$0.4 \times 0.08 = 0.032$
➡ $0.06 \times 0.55 \;>\; 0.4 \times 0.08$

4 3개

풀이 $0.048 \times 0.9 = 0.0432$
$0.0432 > 0.0\square32$이므로 $\square$ 안에 들어갈 수 있는 자연수는 4보다 작은 1, 2, 3으로 모두 3개입니다.

5 0.6724m^2

풀이 $0.82 \times 0.82 = 0.6724 \,(\text{m}^2)$

6 $0.75 \times 0.4 = 0.3$, 0.3L

7 $0.007 \times 0.6 = 0.0042$, 0.0042km

250a~250b

1 $1.9 \times 2.5 = \dfrac{19}{10} \times \dfrac{25}{10} = \dfrac{475}{100} = 4.75$

2 $4.08 \times 5.3 = \dfrac{408}{100} \times \dfrac{53}{10}$
$\qquad = \dfrac{21624}{1000}$
$\qquad = 21.624$

3 $11.74 \times 6.2 = \dfrac{1174}{100} \times \dfrac{62}{10}$
$\qquad = \dfrac{72788}{1000}$
$\qquad = 72.788$

4 72, 72, 792 / 7.92

5 33.32

6 110.05

7 66.88

8 36.846

9 41.538

10 73.7957

11 40.56

12 87.97

13 25.004

14 17.8068

251a~251b

1 7.52, 47.376

풀이 $4.7 \times 1.6 = 7.52$
$7.52 \times 6.3 = 47.376$

2 ㉢, ㉠, ㉣, ㉡

풀이 ㉠ $15.7 \times 3.3 = 51.81$
㉡ $9.1 \times 8.4 = 76.44$
㉢ $14.02 \times 2.4 = 33.648$
㉣ $10.6 \times 5.05 = 53.53$
➡ ㉢ < ㉠ < ㉣ < ㉡

3 16.736

풀이 ㉠ $6.02 \times 5.3 = 31.906$
㉡ $4.1 \times 3.7 = 15.17$
➡ ㉠ − ㉡ $= 31.906 − 15.17 = 16.736$

4 33.732

풀이 $\square \div 3.6 = 9.37$,
$\square = 9.37 \times 3.6 = 33.732$

5 108.8cm^2

풀이 (평행사변형의 넓이)
$= (\text{밑변}) \times (\text{높이})$
$= 12.8 \times 8.5$
$= 108.8 \,(\text{cm}^2)$

6 $1.4 \times 1.25 = 1.75$, 1.75m

7 $1.7 \times 3.5 = 5.95$, 5.95cm

252a~252b

1 (계산 순서대로) 3.09, 17.922, 17.922

2 (계산 순서대로) 1.42, 4.118, 4.118

3 $2.9 \times 0.7 \times 4.8 = \dfrac{29}{10} \times \dfrac{7}{10} \times \dfrac{48}{10}$
$\qquad = \dfrac{9744}{1000}$
$\qquad = 9.744$

4 0.054

5 112.464

6 0.962

7 22.8032

8 0.85

풀이 $1.25 \times 0.4 \times 1.7 = 0.5 \times 1.7$
$= 0.85$

9 61.62

풀이 ㉠ $5.7 \times 0.8 \times 11.5 = 52.44$
㉡ $0.6 \times 4.5 \times 3.4 = 9.18$
➡ ㉠+㉡$= 52.44 + 9.18 = 61.62$

10 ㉡, ㉢, ㉠

풀이 ㉠ $3.8 \times 0.9 \times 2.27 = 7.7634$
㉡ $9.6 \times 1.1 \times 0.2 = 2.112$
㉢ $13.5 \times 0.6 \times 0.4 = 3.24$
➡ ㉡<㉢<㉠

11 $0.35 \times 0.35 \times 12.8 = 1.568$, 1.568m^2

 **253a~253b** 창의력 학습

a 0.56, 0.392, 5.1, 0.05488

b (왼쪽부터) 0.049, 0.14 / 4.335, 5.1

풀이

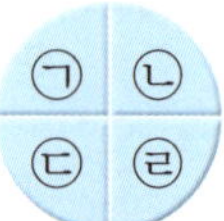

규칙: ㉠×㉡=㉣, ㉡×㉣=㉢
$0.4 \times 0.35 = 0.14$, $0.35 \times 0.14 = 0.049$
$6 \times 0.85 = 5.1$, $0.85 \times 5.1 = 4.335$

254a~255b 경시대회 예상문제

1 204km

풀이 $10분 = 600초$
(소리가 10분 동안 갈 수 있는 거리)
$= 0.34 \times 600$
$= 204(\text{km})$

2 $8.25 \times 9 = 74.25$,
$12 \times 7.4 = 88.8$
$74.25 < \square < 88.8$이므로 $\square$ 안에 들어갈 수 있는 자연수는 75, 76, ……, 87, 88로 모두 14개입니다.
[답] 14개

평가 기준	
상	곱셈을 하고 $\square$ 안에 들어갈 수 있는 자연수의 개수를 바르게 구한 경우
중	곱셈은 하였으나 $\square$ 안에 들어갈 수 있는 자연수의 개수를 구하지 못한 경우
하	풀이 과정과 답을 구하지 못한 경우

3 소수 네 자리 수

풀이 0.5×0.0002
$= 0.1 \times 5 \times 0.0001 \times 2$
$= 0.1 \times 0.0001 \times 5 \times 2$
$= 0.00001 \times 10 = 0.0001$

4 색 테이프 7장을 이어 붙이면 겹쳐진 부분은 6군데입니다.
(이어 붙인 색 테이프 전체의 길이)
$= 1.45 \times 7 - 0.55 \times 6$
$= 10.15 - 3.3$
$= 6.85(\text{m})$
[답] 6.85m

평가 기준	
상	이어 붙인 색 테이프의 전체 길이를 구하는 식을 세우고 이어 붙인 색 테이프의 전체 길이를 바르게 구한 경우
중	이어 붙인 색 테이프의 전체 길이를 구하는 식을 세웠으나 이어 붙인 색 테이프의 전체 길이를 구하지 못한 경우
하	풀이 과정과 답을 구하지 못한 경우

5 $7 \times 5.31 = 37.17$

풀이 곱이 가장 크게 되는 식은 7×5.31입니다.
$7 \times 5.31 = 37.17$

6 8.6142

풀이 (어떤 수)$\times 5.86$은 (어떤 수)$\times 586$을 곱한 값 861.42의 소수점을 왼쪽으로 두 칸 옮긴 것과 같으므로 8.6142입니다.

7 ㉡, ㉠, ㉣, ㉢

풀이 ㉠ $19.3 \times 5.4 = 104.22$
㉡ $8.5 \times 6.6 = 56.1$
㉢ $0.74 \times 3.19 = 2.3606$
㉣ $6.08 \times 0.2 = 1.216$
➡ ㉡<㉠<㉣<㉢

8 ㉠

풀이 ㉠ $3.92 \times 2.8 \times 0.5 \times 1.4$
$= 7.6832$
㉡ $11.6 \times 0.9 \times 0.25 \times 2.4 = 6.264$
➡ ㉠>㉡

9 $50.49 cm^2$

풀이

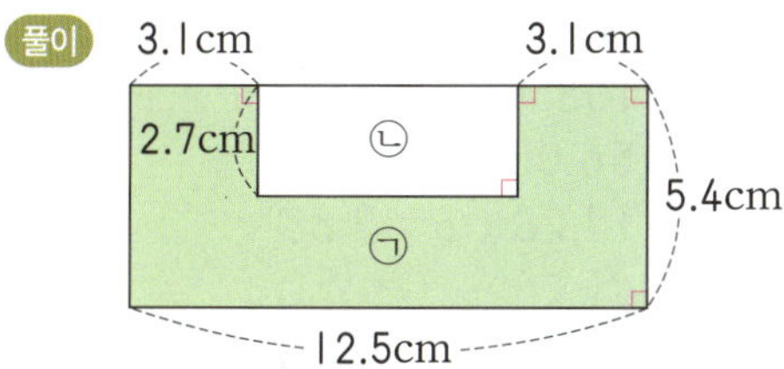

(㉡의 가로)$= 12.5 - 3.1 - 3.1 = 6.3$(cm)
(색칠한 부분의 넓이)
$=$(㉠의 넓이)$-$(㉡의 넓이)
$=(12.5 \times 5.4) - (6.3 \times 2.7)$
$= 67.5 - 17.01$
$= 50.49$(cm^2)

10 3

풀이 0.3을 85번 곱하면 소수 한 자리 수를 85번 곱하는 것이므로 그 곱은 소수 85자리 수가 됩니다.
0.3을 계속해서 곱하면 소수 끝자리 숫자는 3, 9, 7, 1이 반복되므로
$85 \div 4 = 21 \cdots 1$에서 소수점 아래 85번째 자리 숫자는 소수점 아래 첫 번째 자리 숫자와 같은 3입니다.

11 40.825

풀이 $4.8 * 2.3$
$= (4.8 + 2.3) \times (4.8 - 2.3) \times 2.3$
$= 7.1 \times 2.5 \times 2.3$
$= 40.825$

12 60.84kg

풀이 (형의 몸무게)$= 84.5 \times 0.48 \times 1.5$
$= 60.84$(kg)

256a~256b

1 1.3

풀이 2.6은 0.1이 26칸이고 26칸을 2등분한 것 중의 하나는 13칸입니다. 따라서 2.6÷2는 0.1이 13칸이므로 1.3입니다.

2 1.5

풀이 나누는 수가 같을 때 나눠지는 수의 소수점을 왼쪽으로 한 자리 옮기면 몫의 소수점도 왼쪽으로 한 자리 옮겨집니다.

3 1.1

4 96, 96, 4, 24, 2.4

5 391, 391, 17, 23, 2.3

6 3.2, 6, 4, 4

7 3.5, 51, 85, 85

8 2.9

9 3.7

10 7.3

11 5.5

12 5.6

13 4.3

257a~257b

1 2.2

풀이 $81.4 \div 37 = 2.2$

2 >

풀이 $364.7 \div 7 = 52.1$
$513.6 \div 16 = 32.1$
➡ $364.7 \div 7$ > $513.6 \div 16$

3 8, 9

풀이 $63.9 \div 9 = 7.1$
$7.1 <$ ☐이므로 ☐ 안에 들어갈 수 있는 조건에 맞는 자연수는 8, 9입니다.

4 14

풀이 ㉠ $146.8 \div 4 = 36.7$
㉡ $249.7 \div 11 = 22.7$
➡ ㉠ㅡ㉡$= 36.7 - 22.7 = 14$

5 67.8

풀이 (어떤 수)$\times 4 = 271.2$,
(어떤 수)$= 271.2 \div 4 = 67.8$

6 8.2cm

풀이 (색 테이프 한 도막의 길이)
$= 106.6 \div 13 = 8.2\text{(cm)}$

7 $51.2 \div 16 = 3.2$, 3.2kg

258a~258b

1 1.76

2 2.19

3 $6.16 \div 4 = \dfrac{616}{100} \div 4 = \dfrac{\overset{154}{\cancel{616}}}{100 \times \underset{1}{\cancel{4}}}$

$= \dfrac{154}{100} = 1.54$

4 $17.91 \div 9 = \dfrac{1791}{100} \div 9 = \dfrac{\overset{199}{\cancel{1791}}}{100 \times \underset{1}{\cancel{9}}}$

$= \dfrac{199}{100} = 1.99$

5 $82.55 \div 13 = \dfrac{8255}{100} \div 13 = \dfrac{\overset{635}{\cancel{8255}}}{100 \times \underset{1}{\cancel{13}}}$

$= \dfrac{635}{100} = 6.35$

6 2.37, 8, 14, 12, 28, 28

7 1.25, 21, 52, 42, 105, 105

8 2.56

9 11.69

10 9.22

11 12.53

12 1.27

13 13.24

259a~259b

1 (위에서부터) 5.43, 3.62

풀이 $43.44 \div 8 = 5.43$
$43.44 \div 12 = 3.62$

2 ㉠, ㉣, ㉡, ㉢

풀이 ㉠ $9.94 \div 7 = 1.42$
㉡ $108.42 \div 13 = 8.34$
㉢ $56.05 \div 5 = 11.21$
㉣ $17.28 \div 6 = 2.88$
➡ ㉠$<$㉣$<$㉡$<$㉢

3 16.22

풀이 $\square \times 23 = 373.06$,
$\square = 373.06 \div 23 = 16.22$

4 5.93cm^2

풀이 (색칠한 부분의 넓이)
$=$ (큰 직사각형의 넓이)$\div 8$
$= 47.44 \div 8$
$= 5.93(\text{cm}^2)$

5 $19.56 \div 4 = 4.89$, 4.89m

6 $77.16 \div 12 = 6.43$, 6.43g

7 $63.92 \div 17 = 3.76$, 3.76kg

260a~260b

1 0.53   **2** 0.81

3 25, 25, 5, 5, 0.5

4 414, 414, 9, 46, 0.46

5 1122, 1122, 17, 66, 0.66

6 0.96, 72, 48, 48

7 0.52, 155, 62, 62

8 0.8

9 0.92

10 0.59

11 0.43

12 0.22

13 0.99

261a~261b

1 (1)-ⓒ (2)-ⓐ

   풀이 (1) $1.02 \div 6 = 0.17$
   (2) $11.13 \div 21 = 0.53$
   ⓐ $4.24 \div 8 = 0.53$
   ⓒ $2.72 \div 16 = 0.17$
   ⓒ $4.97 \div 7 = 0.71$

2 >

   풀이 $20.64 \div 24 = 0.86$
   $23.87 \div 31 = 0.77$
   ➡ $20.64 \div 24 \, \boxed{>} \, 23.87 \div 31$

3
```
      0.7 4
  19)1 4.0 6
     1 3 3
       7 6
       7 6
         0
```

   풀이 (소수)÷(자연수)의 계산은 자연수의 나눗셈과 같이 계산하고 몫의 소수점은 나눠지는 수의 소수점의 자리에 맞추어 찍습니다. 이때 (소수)<(자연수)이면 몫의 자연수 부분은 0입니다.

4 1

   풀이 ⓐ $2.32 \div 8 = 0.29$
   ⓒ $9.94 \div 14 = 0.71$
   ➡ ⓐ+ⓒ$= 0.29 + 0.71 = 1$

5 0.92

   풀이 (어떤 수)$\times 6 = 5.52$,
   (어떤 수)$= 5.52 \div 6 = 0.92$

6 $12.75 \div 15 = 0.85$, 0.85분

7 $9.62 \div 13 = 0.74$, 0.74kg

262a~262b

1 $7.8 \div 4 = \dfrac{78}{10} \div 4 = \dfrac{780}{100} \div 4 = \dfrac{780}{100 \times 4}$

   $= \dfrac{195}{100} = 1.95$

2 $69.3 \div 18 = \dfrac{693}{10} \div 18 = \dfrac{6930}{100} \div 18$

   $= \dfrac{6930}{100 \times 18} = \dfrac{385}{100} = 3.85$

3
```
      2.9 6
  5)1 4.8
    1 0
      4 8
      4 5
        3 0
        3 0
          0
```

4
```
       7.1 5
  22)1 5 7.3
     1 5 4
        3 3
        2 2
        1 1 0
        1 1 0
            0
```

5 1.15   6 1.85

7 2.15   8 1.38

9 3.95   10 5.85

11 1.14   12 3.35

13 2.85   14 8.15

263a~263b

1 20.65

   풀이 $289.1 \div 14 = 20.65$

2 ⓒ, ⓔ, ⓐ, ⓒ

   풀이 ⓐ $225.9 \div 18 = 12.55$
   ⓒ $38.2 \div 4 = 9.55$
   ⓒ $824.6 \div 35 = 23.56$
   ⓔ $917.7 \div 42 = 21.85$
   ➡ ⓒ$>$ⓔ$>$ⓐ$>$ⓒ

3 22.15cm²

> 풀이 색칠된 부분은 전체를 6등분한 것 중의 하나입니다.
> (색칠된 부분의 넓이)=132.9÷6
> =22.15(cm²)

4 34.54

> 풀이 172.7÷(어떤 수)=5,
> (어떤 수)=172.7÷5=34.54

5 21.65cm

> 풀이 (평행사변형의 높이)
> =(넓이)÷(밑변)
> =606.2÷28
> =21.65(cm)

6 766.8÷8=95.85, 95.85g

7 110.2÷4=27.55, 27.55cm

264a~264b

1 459, 4590, 4590, 15, 306, 3.06

2 2256, 22560, 22560, 32, 705, 7.05

3 9.05, 36, 20, 20

4 3.05, 141, 235, 235

5 9.08

6 1.03

7 2.04

8 5.05

9 6.05

10 52.05

11 2.06

12 4.05

13 3.05

14 11.09

265a~265b

1 1.06, 5.04, 21.07

> 풀이 2.12÷2=1.06
> 25.2÷5=5.04
> 189.63÷9=21.07

2 =

> 풀이 64.48÷31=2.08
> 39.52÷19=2.08
> ➡ 64.48÷31 = 39.52÷19

3 2.02

> 풀이 ㉠ 20.24÷4=5.06
> ㉡ 39.52÷13=3.04
> ➡ ㉠-㉡=5.06-3.04=2.02

4 ㉢

> 풀이 ㉠ 6.81÷3=2.27
> ㉡ 12.16÷8=1.52
> ㉢ 48.84÷12=4.07
> ㉣ 189.07÷37=5.11

5 8, 9, 10, 11

> 풀이 56.16÷8=7.02
> 154.98÷14=11.07
> 7.02<□<11.07이므로 □ 안에 들어갈 수 있는 자연수는 8, 9, 10, 11입니다.

6 91.49÷7=13.07, 13.07km

7 16.35÷15=1.09, 1.09L

266a~266b

1 700, 700, 4, 175, 1.75

2 4200, 4200, 50, 84, 0.84

3 2.25   **4** 2.5

5 0.88   **6** 7.5

7 1.3   **8** 3.7

9 0.7   **10** 2.9

11 0.86   **12** 0.69

13 0.52   **14** 0.74

267a~267b

1 (1)—ⓒ (2)—㉠

2 2번

풀이

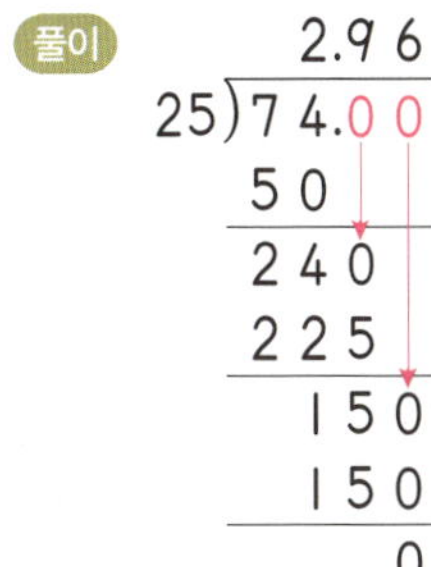

3 ㉣

풀이 ㉠ $15 \div 8 = 1.875$
ⓒ $6 \div 25 = 0.24$
ⓒ $33 \div 50 = 0.66$
㉣ $8 \div 3 = 2.666\cdots$

4 3개

풀이 $\dfrac{11}{24}$ ➡ $11 \div 24 = 0.458\cdots$

$\dfrac{7}{9}$ ➡ $7 \div 9 = 0.777\cdots$

$0.458\cdots < \square < 0.777\cdots$이므로 $\square$ 안에 들어갈 수 있는 소수 한 자리 수는 0.5, 0.6, 0.7로 모두 3개입니다.

5 3.91

풀이 (어떤 수)$\times 36 = 1548$,
(어떤 수)$= 1548 \div 36 = 43$
➡ $43 \div 11 = 3.909\cdots \rightarrow 3.91$

6 $65 \div 8 = 8.125$, 8.125L

7 0.8km

풀이 (버스가 1분 동안 가는 거리)
$= 9.2 \div 12 = 0.76\cdots \rightarrow 0.8$(km)

268a~268b 창의력 학습

a 51.2kg

풀이 $(73.4 + 80.2) \div 3 = 153.6 \div 3$
$= 51.2$(kg)

b 형준

풀이 희원: $12.32 \div 14 = 0.88$
형준: $286.5 \div 25 = 11.46$
은정: $45 \div 8 = 5.625$
따라서 $11.46 > 5.625 > 0.88$이므로 나눗셈의 몫이 가장 큰 사람은 형준입니다.

269a~270b 경시대회 예상문제

1 5.6cm

풀이 (마름모의 넓이)$= 12.6 \times 8 \div 2$
$= 50.4$(cm^2)
➡ (평행사변형의 밑변)$= 50.4 \div 9$
$= 5.6$(cm)

2 0.4

풀이 어떤 수를 $\square$라고 하면
$\square \div 12 = 0.7$, $\square = 0.7 \times 12 = 8.4$
➡ 바른 계산: $8.4 \div 21 = 0.4$

3 9.72

풀이 오른쪽 나눗셈에서 4로 나누어떨어지려면 1●가 4로 나누어떨어져야 하므로 ◆가 될 수 있는 수는 3, 4이고 이 중 가장 작은 소수가 되려면 ◆$=3$이어야 합니다. 따라서 가장 작은 소수는 9.72입니다.

4 14.4cm

풀이 (색칠된 도형의 넓이)$= 51.84 \div 4$
$= 12.96$(cm^2)
색칠된 도형은 정사각형이므로 정사각형의 한 변을 $\square$cm라고 하면
$\square \times \square = 12.96$입니다.
같은 두 수의 곱이 소수 두 자리 수이므로 $\square$는 소수 한 자리 수입니다.
$3 \times 3 = 9$, $4 \times 4 = 16$이므로 $\square = 3.\triangle$인 수이고 곱의 영점 영일의 자리 수가 6이므로 $\triangle$는 4 또는 6입니다.
$3.4 \times 3.4 = 11.56$, $3.6 \times 3.6 = 12.96$

따라서 □=3.6입니다.
➡ (색칠된 도형의 둘레)=3.6×4
=14.4(cm)

5 8.28÷9=0.92
74.7÷18=4.15
0.92<□<4.15이므로 □ 안에 들어갈
수 있는 자연수는 1, 2, 3, 4입니다.
[답] 1, 2, 3, 4

평가 기준	
상	나눗셈의 몫과 □ 안에 들어갈 수 있는 자연수를 바르게 구한 경우
중	나눗셈의 몫을 구하였으나 □ 안에 들어갈 수 있는 자연수를 구하지 못한 경우
하	풀이 과정과 답을 구하지 못한 경우

6 1.25분

풀이 2주일은 7×2=14(일)입니다.
17.5÷14=1.25(분)

7 0.07km

풀이 가로등이 40개이므로 가로등과 가로등 사이의 간격은 39군데입니다.
(가로등과 가로등 사이의 거리)
=2.73÷39=0.07(km)

8 0

풀이 163÷37=4.405405…로 소수점 아래 숫자 4, 0, 5가 반복됩니다. 따라서 소수점 아래 65번째 자리 숫자는
65÷3=21…2에서 4, 0, 5가 21번 반복되고 4, 0이 되므로 0입니다.

9 14.4cm

풀이 (삼각형의 넓이)=18×24÷2
=216(cm²)
30×㉠÷2=216, 30×㉠=432,
㉠=14.4(cm)

10 2.35, 9 / 0.26

풀이 몫이 가장 작게 되려면 나눠지는 수는 가장 작고, 나누는 수는 가장 큰 수가 되어야 합니다.
2<3<5<9이므로 나눠지는 수는 2.35, 나누는 수는 9일 때 몫이 가장 작게 됩니다.
2.35÷9=0.261…→0.26

11 3.92

풀이 (분자)÷12=3…11이므로
(분자)=12×3+11=47입니다.
$\frac{47}{12}$ ➡ 47÷12=3.916…→3.92

12 (자동차가 1분 동안에 간 거리)=5÷4
=1.25(km)
(기차가 1분 동안에 간 거리)=6.4÷5
=1.28(km)
따라서 1분 후에는 기차가
1.28-1.25=0.03(km) 더 멀리 갑니다.
[답] 기차, 0.03km

평가 기준	
상	자동차와 기차가 각각 1분 동안에 간 거리와 어느 것이 몇 km 더 멀리 갔는지 바르게 구한 경우
중	자동차와 기차가 각각 1분 동안에 간 거리를 구하였으나 어느 것이 몇 km 더 멀리 갔는지 구하지 못한 경우
하	풀이 과정과 답을 구하지 못한 경우

271a~271b

1 2, 3, 4, 5

2 9, 8, 0, 4

3 3

4 52세

5 공던지기 기록의 십의 자리 숫자, 공던지기 기록의 일의 자리 숫자

6 24, 29, 20, 25, 26, 20 / 36, 30, 35, 32, 35, 33, 35, 30, 32 / 40, 40, 42, 41, 42, 40, 41

7

줄기	잎
1	2 9 7 8 1
2	4 9 0 5 6 0
3	6 0 5 2 5 3 5 0 2
4	0 0 2 1 2 0 1

272a~272b

1 3명

> **풀이** 줄기가 3인 잎 중에서 숫자 9를 찾으면 3개이므로 몸무게가 39kg인 학생은 3명입니다.

2 6명

> **풀이** 줄기가 4인 잎이 6개이므로 6명입니다.

3 27kg

> **풀이** 줄기가 2인 잎 중에서 가장 작은 수가 7이므로 가장 가벼운 학생은 27kg입니다.

4 55kg

> **풀이** 줄기가 5인 잎 중에서 가장 큰 수가 5이므로 가장 무거운 학생은 55kg입니다.

5 ㄹ, ㅁ, ㄷ

6

줄기	잎
5	5 0 9
6	2 9 0 4 6
7	0 7 0 4
8	2 8 0 6 1 5
9	5 4 0

273a~273b

1 34회

> **풀이** 줄기가 4인 잎은 3개이므로 줄기가 3인 잎 중에서 $5-3=2$(번째)로 큰 수를 찾으면 4입니다. 따라서 성원이의 제기차기 횟수는 34회입니다.

2 5명

> **풀이** 24회와 같거나 많고 32회와 같거나 적은 횟수는 29, 24, 30, 32, 32이므로 모두 5명입니다.

3 35회

> **풀이** 제기차기를 가장 많이 한 학생은 45회이고, 제기차기를 가장 적게 한 학생은 10회입니다.
>
> ➡ $45-10=35$(회)

4

줄기	잎
12	9 4 7
13	9 7 1 7 5
14	8 4 9 0 6 6 0
15	9 0 3 4 1

5 큰 편입니다.

> **풀이** 수형이보다 키가 큰 학생은 2명, 수형이보다 키가 작은 학생은 17명이므로 수형이는 반에서 키가 큰 편입니다.

6 35cm

> **풀이** 키가 가장 큰 학생은 159cm이고, 키가 가장 작은 학생은 124cm입니다.
>
> ➡ $159-124=35$(cm)

274a~274b

1 37권

> **풀이** 소설책은 ▨이 3개, ▨이 7개이므로 37권입니다.

2 동화책

3

마을	가구 수	마을	가구 수
가		다	
나		라	

4 나 마을

5 라 마을

275a~275b

1 다 마을, 라 마을

2 240000kg

> **풀이** 고구마 생산량이 가장 많은 마을은 320000kg을 생산한 다 마을이고, 고구마 생산량이 가장 적은 마을은 80000kg을 생산한 라 마을입니다.
> ➡ $320000 - 80000 = 240000(kg)$

3 800000kg

> **풀이** 가 마을: 230000kg
> 나 마을: 170000kg
> 다 마을: 320000kg
> 라 마을: 80000kg
> ➡ $230000 + 170000 + 320000$
> $+ 80000 = 800000(kg)$

4

월	주유비	월	주유비	월	주유비
1월	₩₩₩₩₩₩	3월	₩₩	5월	₩₩₩₩₩
2월	₩₩₩₩	4월	₩₩₩	6월	₩₩₩₩₩₩

5 6월, 2월

6 100000원

> **풀이** 주유비가 가장 많은 달은 260000원을 사용한 6월이고, 주유비가 가장 적은 달은 160000원을 사용한 2월입니다.
> ➡ $260000 - 160000 = 100000(원)$

276a~276b

1 58000톤

> **풀이** 경상북도의 배 수확량은 36000톤이고, 경상남도의 배 수확량은 22000톤입니다.
> ➡ $36000 + 22000 = 58000(톤)$

2 ㉡

> **풀이** ㉡ 배 수확량이 두 번째로 적은 도는 전라북도입니다.

3 29, 41

연도(년)	판매액
2007	₩₩₩₩₩₩₩
2008	₩₩₩₩₩₩₩₩₩₩
2009	₩₩₩₩₩₩₩₩₩₩
2010	₩₩₩₩₩
2011	₩₩₩₩₩₩₩₩₩

4 ㉖ 컴퓨터 판매액이 해마다 많아지고 있으므로 앞으로 컴퓨터 판매액은 점점 많아질 것입니다.

277a~277b

1 180명

> **풀이** (학생 수)
> $= 29 + 33 + 32 + 28 + 30 + 28$
> $= 180(명)$

2 6반

3 30명

> **풀이** $(평균) = \dfrac{180}{6} = 30(명)$

4 455대

> **풀이** (자동차 수)
> $= 65 + 49 + 70 + 55 + 72 + 64 + 80$
> $= 455(대)$

5 7일

6 65대

> **풀이** $(평균) = \dfrac{455}{7} = 65(대)$

278a~278b

1 82점

> **풀이** (평균)
> $= \dfrac{87 + 90 + 94 + 71 + 68 + 82}{6}$
> $= \dfrac{492}{6} = 82(점)$

2 체육

3 2개

> **풀이** 점수가 평균보다 낮은 과목은 음악, 미술로 모두 2개입니다.

4 높은 편입니다.

5 38.5kg

> **풀이** (평균)
> $$= \frac{35.5+40.2+36.0+38.5+42.3}{5}$$
> $$= \frac{192.5}{5}$$
> $$= 38.5 \text{(kg)}$$

6 진수

7 진오, 범수

8 40.3kg

> **풀이** 학생 한 명이 전학을 와서 영주네 모둠 학생은 모두 6명이 되고 평균 몸무게는 $38.5+0.3=38.8\text{(kg)}$이 됩니다. 전학 온 학생의 몸무게를 □kg이라고 하면
> (평균)
> $$= \frac{35.5+40.2+36.0+38.5+42.3+□}{6}$$
> $$= 38.8$$
> $$192.5+□=232.8$$
> $$□=232.8-192.5=40.3\text{(kg)}$$
> 따라서 전학 온 학생의 몸무게는 40.3kg 입니다.

279a~279b

1 109명

> **풀이** $(평균)= \dfrac{94+112+130+100}{4}$
> $$= \frac{436}{4} = 109 \text{(명)}$$

2 93명

> **풀이** 수영 동아리의 월 평균 가입자 수가 축구 동아리의 월 평균 가입자 수보다 2명 더 많으므로 수영 동아리의 월 평균 가입자 수는 $109+2=111$(명)입니다.

3월 가입자 수를 □명이라고 하면
$$(평균)= \frac{104+120+□+127}{4}=111$$
$$351+□=444$$
$$□=444-351=93 \text{(명)}$$
따라서 축구 동아리의 3월 가입자 수는 93명입니다.

3 많은 편입니다.

4 영서

> **풀이** (주희의 평균 기록)
> $$= \frac{11.3+10.7+12.1+9.1+9.2+8.8}{6}$$
> $$= \frac{61.2}{6} = 10.2 \text{(초)}$$
> (영서의 평균 기록)
> $$= \frac{10.4+11.1+12.2+9.5+9.1+8.3}{6}$$
> $$= \frac{60.6}{6} = 10.1 \text{(초)}$$
> 따라서 $10.2>10.1$이므로 영서가 50m 달리기의 평균 기록이 더 빠릅니다.

5 900원

> **풀이** $(평균)= \dfrac{6300}{7} = 900 \text{(원)}$

6 30살

> **풀이** (아빠, 엄마, 오빠의 나이의 합)
> $$= 36 \times 3 = 108 \text{(살)}$$
> (우정이네 가족의 평균 나이)
> $$= \frac{108+12}{4} = \frac{120}{4} = 30 \text{(살)}$$

280a~280b

1

잎(성희네 모둠)	줄기	잎(준수네 모둠)
8 9 2	1	8 9
2	2	4 0
1 0	3	1 2

2

잎(성희네 모둠)	줄기	잎(준수네 모둠)
8 9 2	1	8 9
2	2	4 0
1 0	3	1 2

3 준수네 모둠

풀이 같은 줄기의 양쪽 잎 부분에서 같은 숫자를 지우면 성희네 모둠은 12, 22, 30이 남고, 준수네 모둠은 24, 20, 32가 남으므로 평균 구슬 수가 더 많은 쪽은 준수네 모둠입니다.

4 61000

5 52000

6 70000

7

회사	신발 생산량
가	◎ ◎ ◎ ◎ ◎ ◎ ○
나	◎ ◎ ◎ ◎ ◎ ○○
다	◎ ◎ ◎ ◎ ◎ ◎ ◎

5

도	인구 수	도	인구 수
경기	(그림)	전북	(그림)
강원	(그림)	전남	(그림)
충북	(그림)	경북	(그림)
충남	(그림)	경남	(그림)

281a~281b

1

잎(정미네 모둠)	줄기	잎(서희네 모둠)
7	0	7
9 5 1	1	9 8
4	2	4 8

2 낮은 편입니다.

풀이 정미보다 오래매달리기 기록이 높은 사람은 7명이고, 정미보다 오래매달리기 기록이 낮은 사람은 2명이므로 정미의 오래매달리기 기록은 낮은 편입니다.

3 서희네 모둠, 4초

풀이 같은 줄기의 양쪽 잎 부분에서 같은 숫자를 지우면 정미네 모둠은 11, 15가 남고, 서희네 모둠은 18, 28이 남으므로 평균 오래매달리기 기록이 높은 쪽은 서희네 모둠입니다.
두 모둠의 총 기록의 차이는 $(18+28)-(11+15)=20$(초)이고, 두 모둠의 평균의 차는 $\dfrac{20}{5}=4$(초)입니다.

4 11200000, 1500000, 1500000, 2000000, 1800000, 1700000, 2600000, 3100000

282a~282b

1

잎(동주네 학교)	줄기	잎(준희네 학교)
3 7	20	1 7
9	21	5
8 5 3	22	8 2 3

2 많은 편입니다.

3 동주네 학교, 1.5명

풀이 같은 줄기의 양쪽 잎 부분에서 같은 숫자를 지우면 동주네 학교는 203, 219, 225가 남고, 준희네 학교는 201, 215, 222가 남으므로 평균 학생 수가 많은 쪽은 동주네 학교입니다.
두 학교의 총 학생 수의 차이는 $(203+219+225)-(201+215+222)=9$(명)이고, 두 학교의 평균 학생 수의 차이는 $\dfrac{9}{6}=1.5$(명)입니다.

4

마을	돼지 수	마을	돼지 수	마을	돼지 수
가	(그림)	다	(그림)	마	(그림)
나	(그림)	라	(그림)	바	(그림)

풀이 가 마을: 1352 ➡ (그림)

➡ 큰 그림 1개, 작은 그림 4개로 표현

➡ 1400

바 마을: 3212 ➡ (그림)

➡ 큰 그림 3개, 작은 그림 2개로 표현

➡ 3200

따라서 십의 자리에서 반올림하여 1000마리는 (그림) 으로, 100마리는 (그림) 으로 나타내었습니다.

십의 자리에서 반올림하면 나 마을은 2000마리, 다 마을은 2000마리, 라 마을은 3500마리, 마 마을은 2900마리이므로 반올림한 수를 그림그래프로 나타냅니다.

5 1000마리, 100마리

6 **예** 십의 자리에서 반올림하여 나타낸 것입니다.

---

a (1) 4점 (2) 6점

풀이 (1) (1반 평균)$=\dfrac{70+85+64}{3}$

$=\dfrac{219}{3}=73$(점)

(2반 평균)$=\dfrac{80+72+76}{3}$

$=\dfrac{228}{3}=76$(점)

(3반 평균)$=\dfrac{75+71+70}{3}$

$=\dfrac{216}{3}=72$(점)

따라서 평균 점수가 가장 높은 반은 2반이고, 가장 낮은 반은 3반이므로 차는 $76-72=4$(점)입니다.

(2) (윷놀이 평균)$=\dfrac{70+80+75}{3}$

$=\dfrac{225}{3}=75$(점)

(비석치기 평균)$=\dfrac{85+72+71}{3}$

$=\dfrac{228}{3}=76$(점)

(제기차기 평균)$=\dfrac{64+76+70}{3}$

$=\dfrac{210}{3}=70$(점)

따라서 평균 점수가 가장 높은 종목은 비석치기이고, 가장 낮은 종목은 제기차기이므로 차는 $76-70=6$(점)입니다.

b (1) 받을 수 없습니다. (2) 10명

풀이 (1) 웅변 대회에 참가한 학생들의 평균 점수는 79점이고, 지호의 점수는 77점이므로 지호는 상을 받을 수 없습니다.

(2) 점수가 79점보다 높은 학생은 10명이므로 상을 받을 수 있는 학생은 10명입니다.

1

줄기	잎
6	0 4
7	4 7
8	5 5 8
9	0 4 2

2 80.9쪽

3 98점

풀이 경수가 5과목 평균 90점을 받으려면 총점이 450점이어야 합니다.

(음악 점수)$=450-(92+86+88+86)$

$=450-352=98$(점)

4

풀이 (나머지 마을의 평균)

$=\dfrac{592+638+816}{3}$

$=\dfrac{2046}{3}=682$(명)

(나 마을의 학생 수)$=682-72=610$(명)

5 664명

풀이 (평균)$=\dfrac{592+610+638+816}{4}$

$=\dfrac{2656}{4}$

$=664$(명)

6 (전체 여학생의 키)
$=133.2\times34-139.5\times16$
$=4528.8-2232$
$=2296.8$(cm)
➡ (여학생의 평균 키)
$=2296.8\div18$
$=127.6$(cm)
[답] 127.6cm

	평가 기준
상	전체 여학생의 키와 여학생의 평균 키를 바르게 구한 경우
중	전체 여학생의 키를 구하였으나 여학생의 평균 키를 구하지 못한 경우
하	풀이 과정과 답을 구하지 못한 경우

7 (위에서부터) 14, 18

풀이 (1차 평균)
$=\dfrac{11+32+14+12+16+23}{6}$

$=\dfrac{108}{6}$

$=18$(회)

2, 3차의 평균이 1차와 같으므로 윗몸일으키기 총 횟수가 1차와 같이 108회여야 합니다.
(2차에서 석준이의 윗몸일으키기 횟수)
$=108-(19+27+9+23+16)$
$=108-94$
$=14$(회)
(3차에서 수빈이의 윗몸일으키기 횟수)
$=108-(21+25+15+11+18)$
$=108-90$
$=18$(회)

8 (감자와 고구마의 전체 생산량)
$=210\times3+150\times26$
$=4530$(kg)
(감자와 고구마의 평균 생산량)

$=\dfrac{4530}{210+150}$

$=\dfrac{4530}{360}$

$=12.583\cdots\rightarrow12.58$(kg)
[답] 12.58kg

	평가 기준
상	감자와 고구마의 전체 생산량과 감자와 고구마의 1a당 평균 생산량을 바르게 구한 경우
중	감자와 고구마의 전체 생산량을 구하였으나 감자와 고구마의 1a당 평균 생산량을 구하지 못한 경우
하	풀이 과정과 답을 구하지 못한 경우

9 25개, 19개, 22개

풀이 (영미)+(지수)$=22\times2=44$
(영미)+(정훈)$=23.5\times2=47$
(지수)+(정훈)$=20.5\times2=41$
$2\times\{(영미)+(지수)+(정훈)\}=132$,
(영미)+(지수)+(정훈)$=66$
영미와 지수가 가지고 있는 구슬이 44개이므로 (정훈)$=66-44=22$(개), 영미와 정훈이가 가지고 있는 구슬이 47개이므로 (지수)$=66-47=19$(개), 지수와 정훈이가 가지고 있는 구슬이 41개이므로 (영미)$=66-41=25$(개) 가지고 있습니다.

10 (위에서부터) 81264, 40632 / 81000, 94000, 41000, 70000, 85000, 66000

풀이 (가 마을과 다 마을의 옥수수 생산량)
$=436459-$
$(93661+70009+84511+66382)$
$=436459-314563$
$=121896$(kg)
가 마을의 옥수수 생산량이 다 마을의 옥수수 생산량의 2배이므로 다 마을의 옥수수 생산량을 □kg이라고 하면 가 마을의 옥수수 생산량은 (□×2)kg입니다.
□×2+□$=121896$,
□×3$=121896$,
□$=121896\div3=40632$(kg)
(가 마을의 옥수수 생산량)$=40632\times2$
$=81264$(kg)

11

마을	생산량	마을	생산량
가	○○○○○ ○○○△	라	○○○ ○○○
나	○○○○○○ ○○○△△△△	마	○○○○○○ ○○△△△△△
다	○○○○△	바	○○○○○○○ △△△△△△

286a~289b

1 3.6

풀이 $0.4 \times 9 = 3.6$

2 ㉢, ㉡, ㉠, ㉣

풀이 ㉠ $0.6 \times 3 = 1.8$ ㉡ $0.8 \times 2 = 1.6$
㉢ $0.2 \times 7 = 1.4$ ㉣ $0.5 \times 4 = 2$
➡ ㉢<㉡<㉠<㉣

3 13.5

풀이 $2.7 \times 5 = 13.5$

4 2, 1, 3

풀이 $0.9 \times 9 = 8.1$, $3.44 \times 3 = 10.32$
$1.5 \times 5 = 7.5$
➡ $10.32 > 8.1 > 7.5$

5 $5.7 \times 4 = 22.8$, $22.8m^2$

6 >

풀이 $11 \times 0.46 = 5.06$
$27 \times 0.13 = 3.51$
➡ 11×0.46 > 27×0.13

7 75

풀이 ㉠ $7.05 \times 8 = 56.4$
㉡ $31 \times 0.6 = 18.6$
➡ ㉠+㉡=$56.4 + 18.6 = 75$

8 $92 \times 0.65 = 59.8$, $59.8km$

9 ㉡

풀이 곱의 계산 결과의 자릿수를 알아봅니다.
㉠, ㉢, ㉣ 소수 두 자리 수
㉡ 소수 한 자리 수

10 $\frac{1}{10}$배 또는 0.1배

풀이 ㉠ $8200 \times 0.025 = 205$
㉡ $8.2 \times 250 = 2050$

따라서 ㉠은 ㉡의 $\frac{1}{10}$배입니다.

11 0.58

풀이 $0.74 \times 58 = 42.92$로 소수 두 자리 수이므로 $74 \times \square$도 소수 두 자리 수이어야 합니다. 따라서 $\square$ 안에 알맞은 수는 소수 두 자리 수인 0.58입니다.

12 6170, 61.7

풀이 $6.17 \times 1000 = 6170$
$6170 \times 0.01 = 61.7$

13 <

풀이 $275 \times 0.001 = 0.275$
$0.275 \times 10 = 2.75$
➡ 275×0.001 < 0.275×10

14 ㉢

풀이 ㉠ $21.22 \times \square = 212.2$ ➡ $\square = 10$
㉡ $34 \times \square = 0.34$ ➡ $\square = 0.01$
㉢ $91.88 \times \square = 9188$ ➡ $\square = 100$
㉣ $149 \times \square = 14.9$ ➡ $\square = 0.1$

15 52.7

풀이 어떤 수를 $\square$라고 하면
$\square \times 0.01 = 0.527$입니다.
곱하는 수는 0.01이므로 곱해지는 수의 소수점이 왼쪽으로 두 칸 옮겨진 수가 0.527

입니다. 따라서 곱해지는 수는 0.527에서 소수점이 오른쪽으로 두 칸 옮겨진 52.7 입니다.

16 $0.778 \times 1000 = 778$, 778kg

17 $146 \times 0.1 = 14.6$, 14.6cm

18 ㉠, ㉡, ㉢, ㉣

풀이 ㉠ $0.9 \times 0.42 = 0.378$
㉡ $0.37 \times 0.6 = 0.222$
㉢ $0.52 \times 0.34 = 0.1768$
㉣ $0.08 \times 0.27 = 0.0216$
➡ ㉠>㉡>㉢>㉣

19 0.377

풀이 $\square \div 0.65 = 0.58$,
$\square = 0.58 \times 0.65 = 0.377$

20 $0.8649m^2$

풀이 (정사각형의 넓이)$= 0.93 \times 0.93$
$= 0.8649(m^2)$

21 $0.74 \times 0.5 = 0.37$, 0.37L

22 35.28

풀이 $12.6 > 11.5 > 4.94 > 3.7 > 2.8$이므로 가장 큰 수와 가장 작은 수의 곱은 $12.6 \times 2.8 = 35.28$입니다.

23 22.476

풀이 ㉠ $11.46 \times 2.4 = 27.504$
㉡ $9.8 \times 5.1 = 49.98$
➡ ㉡ $-$ ㉠ $= 49.98 - 27.504 = 22.476$

24 2개

풀이 $3.46 \times 8.2 = 28.372$
$28.372 < 28.3\square 2$이므로 $\square$ 안에 들어갈 수 있는 조건에 맞는 수는 7보다 큰 8, 9로 모두 2개입니다.

25 $1.2 \times 1.55 = 1.86$, 1.86m

26 2.754

풀이 $3.06 \times 4.5 \times 0.2 = 13.77 \times 0.2$
$= 2.754$

27 ㉢, ㉠, ㉡

풀이 ㉠ $10.4 \times 1.9 \times 0.5 = 9.88$
㉡ $0.82 \times 5.3 \times 2.5 = 10.865$

㉢ $0.76 \times 6.5 \times 1.2 = 5.928$
➡ ㉢<㉠<㉡

28 $0.85 \times 0.65 \times 10.8 = 5.967$, $5.967m^2$

290a~293b

1 (위에서부터) 18.7, 2.75

풀이 $93.5 \div 5 = 18.7$
$93.5 \div 34 = 2.75$

2 $>$

풀이 $285.6 \div 12 = 23.8$
$163.8 \div 7 = 23.4$
➡ $285.6 \div 12$ ⟩ $163.8 \div 7$

3 1, 2, 3, 4

풀이 $79.8 \div 19 = 4.2$
$4.2 > \square$이므로 $\square$ 안에 들어갈 수 있는 자연수는 1, 2, 3, 4입니다.

4 59.1

풀이 (어떤 수)$\times 8 = 472.8$,
(어떤 수)$= 472.8 \div 8 = 59.1$

5 $65.7 \div 9 = 7.3$, $7.3m^2$

6 $55.9 \div 13 = 4.3$, 4.3kg

7 (1)$-$㉢ (2)$-$㉡

8 ㉣, ㉠, ㉢, ㉡

풀이 ㉠ $21.57 \div 3 = 7.19$
㉡ $57.32 \div 4 = 14.33$
㉢ $192.66 \div 26 = 7.41$
㉣ $22.08 \div 12 = 1.84$
➡ ㉣<㉠<㉢<㉡

9 21.44

풀이 $\square \times 32 = 686.08$,
$\square = 686.08 \div 32 = 21.44$

10 73.59

풀이 294.36÷(어떤 수)=4,
(어떤 수)=294.36÷4=73.59

11 27.24÷12=2.27, 2.27kg

12 >

풀이 15.47÷17=0.91
25.52÷29=0.88
➡ 15.47÷17 > 25.52÷29

13

$$52\overline{)32.76} = 0.63$$

```
       0.6 3
52) 3 2.7 6
    3 1 2
      1 5 6
      1 5 6
          0
```

14 0.2

풀이 ㉠ 13.34÷23=0.58
㉡ 3.42÷9=0.38
➡ ㉠−㉡=0.58−0.38
=0.2

15 7.56÷36=0.21, 0.21kg

16 19.65

풀이 432.3÷22=19.65

17 18.88cm²

풀이 (색칠한 부분의 넓이)
=94.4÷5=18.88(cm²)

18 27.55cm

풀이 (평행사변형의 밑변)
=(넓이)÷(높이)
=936.7÷34
=27.55(cm)

19 <

풀이 138.92÷46=3.02
76.75÷25=3.07
➡ 138.92÷46 < 76.75÷25

20 5.06

풀이 35.42÷□=7,
□=35.42÷7=5.06

21 ㉣

풀이 ㉠ 7.7÷5=1.54
㉡ 101.08÷14=7.22
㉢ 55.66÷22=2.53
㉣ 48.64÷8=6.08

22 5개

풀이 60.12÷6=10.02
135.81÷9=15.09
10.02<□<15.09이므로 □ 안에 들어
갈 수 있는 자연수는 11, 12, 13, 14, 15
로 모두 5개입니다.

23 26.5÷25=1.06, 1.06분

24 ㉢

풀이 ㉠ 9÷6=1.5 ㉡ 12÷5=2.4
㉢ 25÷9=2.777… ㉣ 33÷50=0.66

25 5개

풀이 $\dfrac{8}{21}$ ➡ 8÷21=0.380…

$\dfrac{15}{17}$ ➡ 15÷17=0.882…

0.380…<□<0.882…이므로 □ 안에
들어갈 수 있는 소수 한 자리 수는 0.4,
0.5, 0.6, 0.7, 0.8로 모두 5개입니다.

26 16÷25=0.64, 0.64L

27 5.7

풀이 (어떤 수)×27=2322,
(어떤 수)=2322÷27=86
➡ 86÷15=5.73…→5.7

28 7.47km

풀이 (영애가 한 시간 동안 달린 거리)
=44.8÷6=7.466…→7.47(km)

294a~297b

1 6명

2 89점

3 33점

> **풀이** 수학 점수가 가장 높은 학생은 95점이고, 수학 점수가 가장 낮은 학생은 62점입니다.
> ➡ $95-62=33$(점)

4

줄기	잎
22	6 9 5 8
23	3 9 6 8
24	1 3 4 9 0
25	0 0 4

5 짧은 편입니다.

> **풀이** 형국이보다 발 길이가 긴 학생은 11명, 형국이보다 발 길이가 짧은 학생은 4명이므로 형국이는 반에서 발 길이가 짧은 편입니다.

6 29mm

> **풀이** 발 길이가 가장 긴 학생은 254mm이고, 발 길이가 가장 짧은 학생은 225mm입니다.
> ➡ $254-225=29$(mm)

7 8000원

8 6300원

> **풀이** 저금한 금액이 가장 많은 달은 9500원을 저금한 1월이고, 저금한 금액이 가장 적은 달은 3200원을 저금한 6월입니다.
> ➡ $9500-3200=6300$(원)

9 37100원

> **풀이** 은빈이가 월별 저금한 금액은 다음과 같습니다.
> 1월: 9500원, 2월: 4600원,
> 3월: 5500원, 4월: 6300원,
> 5월: 8000원, 6월: 3200원
> ➡ (전반기에 저금한 금액)
> $=9500+4600+5500+6300$
> $\quad+8000+3200$
> $=37100$(원)

10 530, 470, 350

연도(년)	학생 수
2007	
2008	
2009	
2010	
2011	

11 **예** 학생 수가 해마다 줄어들고 있으므로 앞으로 학생 수는 점점 줄어들 것입니다.

12 25분

> **풀이** (평균)$=\dfrac{42+30+12+25+16}{5}$
> $\quad\quad\quad=\dfrac{125}{5}=25$(분)

13 유미

14 지연, 하은

15 37분

> **풀이** 학생 한 명이 전학을 와서 지연이네 모둠 학생은 모두 6명이 되고 평균 통학 시간은 $25+2=27$(분)이 되었습니다. 전학 온 학생의 통학 시간을 $\square$분이라고 하면
> (평균)$=\dfrac{42+30+12+25+16+\square}{6}$
> $\quad\quad\quad=27$
> $125+\square=162$,
> $\square=162-125=37$(분)
> 따라서 전학 온 학생의 통학 시간은 37분입니다.

16 민국

> **풀이** (민국이의 줄넘기 평균 횟수)
> $=\dfrac{86+79+100+95+120+120}{6}$
> $=\dfrac{600}{6}$
> $=100$(회)
> (대훈이의 줄넘기 평균 횟수)
> $=\dfrac{81+80+92+104+121+116}{6}$

$$= \frac{594}{6}$$
$$= 99(회)$$

따라서 $100 > 99$이므로 민국이의 줄넘기 평균 횟수가 더 많습니다.

17 29쪽

풀이 (하루 평균) $= \dfrac{203}{7} = 29$(쪽)

18 93점

풀이 승완이가 평균 87점을 받으려면 4개월 동안의 총점이 348점이어야 합니다.

➡ (9월 점수) $= 348 - (85 + 92 + 78)$
$$= 348 - 255$$
$$= 93(점)$$

19

잎(희수네 모둠)	줄기	잎(지우네 모둠)
2 8	3	2 1 8
0 9 1	4	9
8	5	2 0

20 긴 편입니다.

21 희수네 모둠, 1분

풀이 같은 줄기의 양쪽 잎 부분에서 같은 숫자를 지우면 희수네 모둠은 40, 41, 58이 남고, 지우네 모둠은 31, 52, 50이 남습니다. $40 + 41 + 58 = 139$(분), $31 + 52 + 50 = 133$(분)이므로 평균 인터넷 사용 시간이 긴 쪽은 희수네 모둠입니다. 두 모둠의 총 인터넷 사용 시간의 차이는 $(40 + 41 + 58) - (31 + 52 + 50) = 6$(분)

이고, 두 모둠의 평균의 차이는 $\dfrac{6}{6} = 1$(분)입니다.

22 39000, 65000, 47000, 53000

23

마을	생산량
가	
나	
다	
라	

a ㉠

풀이 ㉠ $5.49 \times 11 = 60.39$
㉡ $3.9 \times 12.5 = 48.75$
㉢ $0.5 \times 21.4 \times 4.8 = 51.36$
따라서 $60.39 > 51.36 > 48.75$이므로 슈퍼스타 Q군의 집은 ㉠입니다.

b 달콤 마트

풀이 (싸다 마트의 사탕 1개당 가격)
$$= 5440 \div 40$$
$$= 136(원)$$
(맛조아 마트의 사탕 1개당 가격)
$$= 7920 \div 60$$
$$= 132(원)$$
(달콤 마트의 사탕 1개당 가격)
$$= 9030 \div 70$$
$$= 129(원)$$
따라서 $129 < 132 < 136$이므로 유진이는 달콤 마트에서 사탕을 사야 합니다.

1 소수 두 자리 수

풀이 0.8×0.0125
$$= 0.1 \times 8 \times 0.0001 \times 125$$
$$= 0.1 \times 0.0001 \times 8 \times 125$$
$$= 0.00001 \times 1000$$
$$= 0.01$$

2 12.33m

풀이 색 테이프 9장을 이어 붙이면 겹쳐진 부분은 8군데입니다.
(이어 붙인 색 테이프 전체의 길이)
$$= 1.77 \times 9 - 0.45 \times 8$$
$$= 15.93 - 3.6 = 12.33(m)$$

3 ㉠

풀이 ㉠ $4.06 \times 0.5 \times 5.2 \times 2.3$
$= 24.2788$
㉡ $1.5 \times 3.3 \times 0.58 \times 6.7 = 19.2357$
➡ ㉠ > ㉡

4 780.864

풀이 $8.3 * 6.4 = 8.3 \times (8.3 + 6.4) \times 6.4$
$= 8.3 \times 14.7 \times 6.4$
$= 780.864$

5 0.96

풀이 어떤 수를 □라고 하면
$□ \div 54 = 0.8$, $□ = 0.8 \times 54 = 43.2$
➡ 바른 계산: $43.2 \div 45 = 0.96$

6 6개

풀이 $6.05 \div 11 = 0.55$
$126.84 \div 21 = 6.04$
$0.55 < □ < 6.04$이므로 □ 안에 들어갈
수 있는 자연수는 1, 2, 3, 4, 5, 6으로 모
두 6개입니다.

7 1.595cm

풀이 (처음 직사각형의 넓이)
$= 19.14 \times 11 = 210.54(\text{cm}^2)$
줄인 직사각형의 가로를 □cm라고 하면
$□ \times 12 = 210.54$,
$□ = 210.54 \div 12 = 17.545(\text{cm})$
(줄여야 하는 직사각형의 가로)
$= 19.14 - 17.545 = 1.595(\text{cm})$

8 ㉠

풀이 $29 \div 11 = 2.6363\cdots$으로 소수점 아
래 숫자 6, 3이 반복됩니다. 따라서 소수
점 아래 77번째 자리 숫자는
$77 \div 2 = 38 \cdots 1$에서 6, 3이 38번 반복되
고 6이 되므로 6입니다.
$50 \div 27 = 1.851851\cdots$로 소수점 아래 숫
자 8, 5, 1이 반복됩니다. 따라서 소수점
아래 77번째 자리 숫자는
$77 \div 3 = 25 \cdots 2$에서 8, 5, 1이 25번 반복
되고 8, 5가 되므로 5입니다.
따라서 77번째 자리 숫자가 더 큰 것은 ㉠
입니다.

9 (분자)$\div 23 = 9 \cdots 13$이므로
(분자)$= 23 \times 9 + 13 = 220$입니다.
$\dfrac{220}{23}$ ➡ $220 \div 23 = 9.565\cdots \rightarrow 9.57$
[답] 9.57

평가 기준	
상	분수의 분자를 구하고 분수를 소수로 바르게 나타낸 경우
중	분수의 분자를 구하였으나 분수를 소수로 나타내지 못한 경우
하	풀이 과정과 답을 구하지 못한 경우

10 영서네 모둠

풀이 (영서네 모둠의 평균 미술 점수)
$= \dfrac{65+69+72+77+78+83+89+80+90+96}{10}$
$= \dfrac{799}{10}$
$= 79.9(점)$
(준희네 모둠의 평균 미술 점수)
$= \dfrac{60+69+64+72+73+89+80+80+83+90+95+93}{12}$
$= \dfrac{948}{12}$
$= 79(점)$
따라서 $79.9 > 79$이므로 영서네 모둠의
평균 미술 점수가 더 좋습니다.

11

풀이 (나머지 학년의 평균 학급문고 수)
$= \dfrac{1950+1600+2410+2330+1620}{5}$
$= \dfrac{9910}{5}$
$= 1982(권)$
(6학년의 학급문고 수)$= 1982 - 132$
$= 1850(권)$

12 (전체 몸무게)$= 18 \times 48.6 + 15 \times 42.3$
$= 1509.3(\text{kg})$
(전체 평균 몸무게)
$= \dfrac{1509.3}{18+15}$

$$= \frac{1509.3}{33}$$

$$= 45.736\cdots \rightarrow 45.74(\text{kg})$$

[답] 45.74kg

평가 기준	
상	전체 몸무게와 전체 평균 몸무게를 바르게 구한 경우
중	전체 몸무게를 구하였으나 전체 평균 몸무게를 구하지 못한 경우
하	풀이 과정과 답을 구하지 못한 경우

15 성취도 테스트

1 7.2

풀이 $0.9 \times 8 = 7.2$

2 (1) 98.7, 9.87, 0.987, 0.0987

(2) 98.7, 9.87, 0.987, 0.0987

3 ㉡

풀이 (소수) $\times$ (자연수)에서 곱의 소수점의 위치는 곱해지는 소수의 소수점의 위치와 같으므로 곱의 소수점의 위치로 알맞은 곳은 ㉡입니다.

4 ㉣

풀이 ㉠ $327 \times \square = 32.7$

➡ $\square = 0.1$

㉡ $27.4 \times \square = 274$

➡ $\square = 10$

㉢ $95 \times \square = 0.095$

➡ $\square = 0.001$

㉣ $3.3 \times \square = 330$

➡ $\square = 100$

5 $<$

풀이 $0.84 \times 0.05 = 0.042$

$0.9 \times 0.26 = 0.234$

➡ $0.84 \times 0.05 < 0.9 \times 0.26$

6 3개

풀이 $0.75 \times 0.076 = 0.057$

$1.4 \times 2.33 = 3.262$

$0.057 < \square < 3.262$이므로 $\square$ 안에 들어갈 수 있는 자연수는 1, 2, 3으로 모두 3개입니다.

7 $43.2 \times 1.35 = 58.32$, 58.32kg

8 $35.4 \times 42.5 \times 0.58 = 872.61$, 872.61m^2

9 814, 814, 22, 37, 3.7

10 (위에서부터) 6.9, 10.35

풀이 $82.8 \div 12 = 6.9$

$82.8 \div 8 = 10.35$

11

$$\begin{array}{r} 0.92 \\ 23\overline{)21.16} \\ \underline{207} \\ 46 \\ \underline{46} \\ 0 \end{array}$$

풀이 (소수) $\div$ (자연수)의 계산은 자연수의 나눗셈과 같이 계산하고 몫의 소수점은 나눠지는 수의 소수점의 자리에 맞추어 찍습니다. 이때 (소수) $<$ (자연수)이면 몫의 자연수 부분은 0입니다.

12 ㉢, ㉠, ㉡, ㉣

풀이 ㉠ $35.4 \div 12 = 2.95$

㉡ $15.26 \div 14 = 1.09$

㉢ $42.14 \div 7 = 6.02$

㉣ $5.04 \div 8 = 0.63$

➡ ㉢ $>$ ㉠ $>$ ㉡ $>$ ㉣

13 $24.4 \div 8 = 3.05$, 3.05kg

14 4개

풀이 $\dfrac{9}{25}$ ➡ $9 \div 25 = 0.36$

$\dfrac{37}{50}$ ➡ $37 \div 50 = 0.74$

0.36<□<0.74이므로 □ 안에 들어갈 수 있는 소수 한 자리 수는 0.4, 0.5, 0.6, 0.7로 모두 4개입니다.

15 1.16cm

풀이 (초가 1분 동안 타는 길이)
$=16.3÷14=1.164\cdots→1.16(cm)$

16

줄기	잎
4	5 2 6 0 5
5	5 1 0 7
6	6 2 0 0
7	7 9 5 0 3 8 2

17 39분

풀이 하루 동안 TV를 가장 오래 시청한 학생은 79분이고, 가장 적게 시청한 학생은 40분입니다.

➡ 79−40=39(분)

18 43.5개

풀이 (윤정, 현수, 유희가 모은 붙임 딱지 수의 합)=45×3=135(개)
(네 사람이 모은 평균 붙임 딱지 수)
$=\dfrac{135+39}{4}=\dfrac{174}{4}=43.5(개)$

19 4500, 2100, 5100, 3400

20

지역	생산량
가	◎ ◎ ◎ ◎ ● ● ● ● ●
나	◎ ◎ ●
다	◎ ◎ ◎ ◎ ◎ ●
라	◎ ◎ ◎ ● ● ● ●